化学传奇

THE LEGEND OF CHEMISTRY

李可锋 编著

山西出版传媒集团 山西教育出版社

图书在版编目（CIP）数据

化学传奇 / 李可锋编著. —太原 ：山西教育出版社，2020. 1

ISBN 978 -7 -5703 -0567 -4

Ⅰ. ①化… Ⅱ. ①李… Ⅲ. ①化学史—世界—青少年读物 Ⅳ. ①06 -091

中国版本图书馆 CIP 数据核字（2019）第 186136 号

化学传奇

HUAXUE CHUANQI

责任编辑 彭琼梅
复　　审 冉红平
终　　审 杨　文
装帧设计 宋　蓓
印装监制 蔡　洁

出版发行 山西出版传媒集团 · 山西教育出版社
（太原市水西门街馒头巷 7 号　电话：0351 -4035711　邮编：030002）
印　　装 山西新华印业有限公司
开　　本 890 mm × 1240 mm　1/32
印　　张 6. 5
字　　数 185 千字
版　　次 2020 年 1 月第 2 版　2020 年 1 月山西第 1 次印刷
印　　数 11 606—16 605 册
书　　号 ISBN　978 -7 -5703 -0567 -4
定　　价 19. 80 元

再版说明

◇ ············

《普通高中化学课程标准（2017 年版）》指出：“化学学科核心素养是指学生通过化学学科学习而逐步形成的正确价值观念、必备品格和关键能力。”这意味着把立德树人、培养创新型人才的目标提高到了国家层面，使得化学学科的德育教育成为高中学科教学中的有机组成部分。

然而，在当下高中化学教学的实践中，不少教师仍然是把传授化学知识和培养思维能力作为教学中的唯一目标，教学中存在着注重教学过程的系统性、逻辑性，存在着纯粹以落实知识和技能为主的讲练式教学范式，存在着追求规范、统一的评价标准，而忽略了人的精神发展和精神需求，淡化了对学生进行社会理想教育和必要的人文关怀，从而导致了学生人文精神缺失。

何以造成这种现状呢？我们认为，有长期形成的教学习惯的原因，也有过度注重升学的原因，更有对人才的培养目标认识不到位的原因，除此之外，“去情境化”地传授化学知识或许是更为主要的原因。基于这样的现实，不少有识之士一直倡导化学教学的情境化，但日常教学中，我们看到的多是实验情境的创设和应用，而化学知识中蕴含的人文素养、人文精神往往被忽略。例如，金属铝曾经是帝王贵族才能使用的珍宝，1886 年，美、法两国的两位年仅 22 岁的青年学者，采用电解法改进了金属铝的生产工艺，使其价格一落千丈，让金属铝广泛走进普通百姓的日常生活。通过教师的教学，学生在这个化学事实中不仅能学到铝元素具有强金属性（单质不易冶炼）、自然界中无单质（铝单质很活泼）、铝单质的冶炼（通过电解的方法来获得单质）等化学学科知识，还能从中体悟到两位青年科学家在前辈研究的基础上大胆探索、勇于创新、持之以恒、坚持不懈、为人类谋福祉的远大志向和博大胸襟。再比如，化合物能否电离、在什么条件下电离等的教学，也有不少老师常常是让学生就“法拉第的电离理论”（认为电解质水溶液在通电情况下产生离子）和“阿伦尼乌斯的电离学说”（认为电解质在水溶液中自发产生离子）进行讨论，并产生认知冲突，提出“电解质水溶液中离子的产生到底需不需要通电?”“电解质在水溶液中真的能自发产生离子吗?”等学科本原性问题，形成实验探究的欲望和冲动。这样的教学设计当然也是情境化的，初看上去也很不错，但这样的教学设计仅仅停留在法拉第和阿伦尼乌斯两位化学家建立的本体知识的学习和讨论上，其中蕴含的人文精神和人文情怀的教学资源没得到充分挖掘和有效利用，这颇令人遗憾。

《化学传奇》这本书试图通过讲述中外化学家的故事，从他们的爱国情怀、无私奉献、勇于创新、顽强拼搏、持之以恒等方面，让读者领略科学家们的风采，他们在化学研究领域取得的卓越成就，无一不是坚持不懈、厚积薄发的结果，他们发明创造的成果，对推动人类文明进程所做出的巨大贡献，应当让我们永远铭记。

我们希望本书的再版还能在以下两方面给读者以参考：其一，作为中学教学辅助用书，为一线中学化学教师提供知识背后化学家们的精彩人生故事，使化学课堂成为既落实学科知识、训练思维品质，又渗透培育崇高情感、升华人生境界的课堂；其二，作为选修课教材，为中学生学习科学家的科学精神和人文情怀提供可资学习的范本，竭力为中学生的可持续发展提供帮助和借鉴。

本书在再版修订的过程中，得到了江磊老师的倾情帮助，特此鸣谢。

李可锋

目录

01 第一个化学理论的诞生
——燃素学说的建立

◇……………

燃烧是自然界司空见惯的现象，人类很早就跟火打交道了。据考证，170 多万年前的云南元谋人就已经学会使用火了。火的发现和利用，是人类历史上的重大转折。恩格斯曾经这样评价摩擦生火：“就世界性的解放作用而言，摩擦生火还是超过了蒸汽机，因为摩擦生火第一次使人支配了一种自然力，从而最终把人同动物界分开。”

古人利用火进行化学研究

1. 混沌初开的局面

古时候，人类对自然的认识水平有限，以至于对火又敬又畏。中国神话的火神祝融，希腊神话的普罗米修斯盗天火等传说也就应运而生了。古人总是在尝试为自然现象分类，不断定义世界的物质构成，火往往成为一个不可分割的重要元素。古印度认为“地、水、火、风”是构成世界的最基本元素，缺一不可，合称为“四界”，亦称“四大种”。我国五行说中“金、木、水、火、土”相生相克，作为构成宇宙万物及各种自然变化的基础。古希腊最博学的哲学家亚里士多德（Aristoteles，前384—前322）提出了组成世界的“四元素说”。他认为：物体的主要性质是“冷、热、干、湿”，这些性质两两结合后就形成了“土、水、气、火”四元素，其中：土=干+冷，水=湿+冷，气=湿+热，火=干+热。古希腊哲学家赫拉克利特（Heraclitus，约前530—前470）认为火是世界的本原，宇宙是永恒的活火。由于古代科学技术条件和生产力水平的限制，无法认清火和物质燃烧的本质，这是人类一个长期难解的谜团。

自从有了火，人类就从未停止过对火的利用。最早火用于煮食、照明、驱赶野兽，随着人类文明的进步，制陶、制皂、蒸馏酒精和冶金等工艺逐步发展起来，使得运用火的范围日益扩大。人类迫切需要了解可燃物的种类、燃烧温度的高低等知识，对于火的认识提出了更高的要求，这就需要人类认真审视燃烧的本质。

对燃烧进行观察，最明显的现象是物质在燃烧时产生火焰，物质燃烧后留下了少量灰烬，其质量远比原来的物质小。于是人们对燃烧逐渐形成了这样的理解：燃烧时有某种易燃的东西从物体中逃逸了，所以燃烧后只留下少许的灰烬，燃烧是损耗物质的过程。虽然冶金化学家发现，某些金属在加热时也会得到比金属更重的金属灰。可惜他们没有进行科学研究的习惯，对于这个客观事实视而不见，更不会去探究其内在所包含的价值。

16世纪初，瑞士医药化学家帕拉塞斯（Philippus Aureolus Paracelsus，1493—1541）提出了他的物质本原的观点，所有物质都是由汞、硫、盐三种元素以不同的比例构成的。帕拉塞斯所谓的三种元素实际就是三种要素，而汞、硫、盐也并非是指水银、硫黄、盐类这些具体的物质，只是代表物质所表现的性质，即“汞”为表现金属性质的要素，“硫”为表现可燃性和非金属性的要素，“盐”为表现溶解性的要素。他认为物质中某一种元素成分的多寡，决定了该物质的性质，这就是有名的“三元素说”。

2. 黑暗中的探索

在帕拉塞斯之前，文艺复兴“三杰”之一，天才的意大利人达·芬奇（Leonardo di ser Piero da Vinci，1452—1519）对燃烧提出过这样的观点：在燃烧时，若无新鲜空气补充，燃烧就不能继续进行，这表明燃烧与空气之间必然存在着某种特殊的关系。

到了1630年，法国医生雷伊（Jean Ray，1583—1630）进一步研究了金属锡和铅煅烧后质量增加的现象，发表了一篇题为《关于焙烧锡和铅质量增加原因的研究》的论文。他提出：质量的增加是空气造成的，空气在容器中浓缩、加重，由于长时间强烈加热，空气似乎变得具有黏性，空气与金属混合在一起（经常搅拌有助于这种混合），并附着在微粒上，好像把沙子放在水中，与水混合而使沙子质量增大一样。空气中的某种浓密成分混进金属烧渣并不是两种物质之间的化合，而是两种物质微粒的一种机械混合。他本人没有做实验，只是从理论上进行了推断，但是他已经注意到金属煅烧后质量增大与空气密切相关的事实。

同时代英国医生梅猷（Jean Mayow，1635—1679）在实验中又发现，火药能在抽空的器皿内或水中燃烧，据此认为火药中的硝石也存在着那种空气中的助燃成分，他称之为“硝气精”。梅猷还做了金属锑的煅烧实验，结果其产物与锑经过硝酸处理后的产物是同一种物质，因而推断金属锑煅烧后质量增大是由于“硝气精”固定于金属锑上。但是梅猷并没有深入研究金属锑煅烧后增大的质量，也没有给出令人信服的解释。

1673年，英国化学家罗伯特·波义耳（Robert Boyle，1627—1691）将铜、铁、铅、锡等金属放在密闭的容器内进行煅烧，发现密闭容器内物体的重量增加了。于是波义耳认为，加热时有一种超微小的“火微粒”从燃料中散发出来，穿过容器壁进入了金属，与金属结合成比金属本身重的煅灰，并提出了如下公式：金属+火微粒=金属煅灰。波义耳只注意到了被加热物质本身的变化，却忽视了与金属密切接触的空气发生了什么变化。为了合理解释实验现象，他杜撰出“火微粒”来充数。如果在进行称量比较时，不打开

波义耳

加热后的容器瓶塞，那么他在对火及燃烧现象的认识方面会取得重大突破，可惜他错过了。

波义耳把燃烧看作可燃物与其他物质结合的过程，认为火是客观存在的一种实实在在的东西，火是具有质量的“火微粒”所构成的物质元素，这种观点与认识，在当时还是很少见的。依据波义耳的观点，在包括植物等燃料燃烧的时候，它们的极大部分都变成“火微粒”散失在空气中，只留下了比本身质量小得多的灰烬。当时，认可波义耳关于燃烧见解的科学家，仅局限于个别人。大多数人仍认为物质在燃烧时有某种东西从中逃走了。波义耳的观点为以后提出燃素学说奠定了基础，积累了资料。

波义耳出身于爱尔兰的贵族家庭，他的父亲是科克伯爵，爱尔兰的大法官，当时英国最富有的人。童年时的波义耳并不特别聪明，说话还有点口吃，不大喜欢热闹的游戏或争强好胜的活动，却十分好学，喜欢静静地读书思考。他从小受到良好的教育，1639～1644年间，曾游学欧洲，研究了伽利略的天文学著作与各种实验。父亲去世后，波义耳回到爱尔兰，在父亲遗留的庄园内静静地读书，同时开始了他的科学研究，很快成为一名训练有素的实验化学家，同时也成为一名富有创造力的理论家。这一时期，在伦敦的一些具有新思想的青年学者组织了一个科学学会，称为“无形学院”，也就是著名的以促进自然科学发展为宗旨的“皇家学会”的前身。1646年，波义耳参加了无形学院的活动并成为一名重要的成员。1654年，波义耳在牛津建立了设备齐全的实验室，并聘用了一些很有才华的学者作为助手，领导他们进行各种科学研究。他的许多科研成果是在这里取得的。他主张“实验决定一切”，他是第一位把各种天然植物的汁液用作指示剂的化学家，石蕊试液、石蕊试纸都是他发明的。他还是第一个为酸、碱下了明确定义的化学家，并把物质分为酸、碱、盐三类。他还创造了很多定性检验盐类的方法。据统计，从1660年到1666年，他写了10本书，在《皇家学会学报》上发表了20篇论文。

1661年出版的《怀疑的化学家》是一本具有划时代意义的名著。波义耳在书中指出："化学到目前为止，还是认为只在制造医药和工业品方面具有价值。但是，我们所学的化学，绝不是医学或药学的婢女，也不应是甘当工艺和冶金的奴仆，化学本身作为自然科学中的一个独立部分，是探索宇宙奥秘的一个方面。化学，必须是为真理而追求真理的化学。"他认识到化学不应该也没有必要成为医药化学、冶金化学的附庸，化学应该为了自身的发展而进行科学研究。波义耳又指出："化学家们至今遵循着过分狭隘的原则，这种原则不要求特别广阔的视野，他们把自己的任务看成是制造药物、提取和转化金属。我却完全从另一个观点看待化学：我不是作为医生，也不是作为炼金家，而是作为哲学家来看待它的……如果人们关心真正的科学成就较之个人利益为重，如果把自己的精力都献给了做实验、收集并观察事实，那么他就很容易证明，他们在世界上建立了伟大的功勋。"他认为化学应该单独成为一门科学，化学必须依靠实验建立自己的基本定律。

另外，波义耳还指出，"四元素说""三元素说"中所指的元素根本不是构成物体的最基本单元，元素应该是"具有确定的、实在的、可觉察到的实物，它们应该是用一般化学方法不能再分为更简单的某些实物"。他重新规定了许多不准确的化学用语，确定了它们的正确含义。他认为确定元素的唯一手段是实验，而且他用实验手段确定了金、银、汞、硫黄等一些物质是元素。他认为化合物是由两种或两种以上元素构成的物质，并具有与其成分的性质完全不同的新性质，这也就明确了它同混合物的区别。他还规定了关于化学反应、化合、分解和分析等用语的含义。恩格斯曾对他作出最崇高的评价："波义耳把化学确定为科学。"

但是波义耳等化学家对燃烧的解释带有明显的机械自然观，其最典型的理论特征是：把一切物质实体的最小单位看作是类似于原子的物质微粒；把一切物质实体的相互作用看作是微粒之间的力学作用。当化学家面对越来越复杂、各具特征的化合物和化学反应，而又无法合理解释的时候，运用机械论似乎能说明许多无法解释的事实，这如同抓住了救命稻草一样。当时的法国和英国的化学界思想僵化，他们对燃烧的认识已经走入了死胡同。就在这个时候，德国化学家们脱颖而出，他们对燃烧现象提出了系统的观点。

3. “燃素学说”的诞生

德国医学化学家贝歇尔（Johann Joachim Becher，1635—1682）对燃烧现象也做了相当多的研究，他特别注意到炼金家所谓的“三元素”中的“硫”，认为它可能是所有物质能够燃烧的根源。贝歇尔在1669年的著作《土质物理学》一书中对燃烧作用有很多论述，他继承和发展了帕拉塞斯的“三元素说”，认为各种物质都是由三种基本“土质”组成的。第一，“石土”，能使物质具有一定的形态，相当于早期医学化学家所谓的“盐”元素；第二，“油土”，能使物质易于燃烧，相当于所谓的“硫”元素；第三，“汞土”，能使物质紧密而具有金属光泽，相当于所谓的“汞”元素。

贝歇尔用他的三种“土质”来解释物质燃烧的现象。他认为燃烧是分解作用，火被看作是一种普遍适用的解析剂。一切可以燃烧的物体都是一种复合物，都是含有“硫”元素的“油土”。按照他的理论，燃烧过程中“油土”逃逸，留下的灰烬便是只含“石土”或“汞土”的简单物质。在燃烧后，残留的简单物质越少，原先物体中的“油土”含量必定越高。简单物质就是单质，它没有“油土”，当然不能燃烧，能够燃烧的物质必定是化合物，除了含有“油土”，必定还含有另一种“土质”。他认为木炭几乎是一种纯的“油土”，因为它在燃烧后只留下极少量的灰烬。

贝歇尔理论中关于“油土”的概念，实际上就相当于以后盛行的“燃素学说”中的“燃素”，因此可以说贝歇尔是“燃素学说”的发起人，后人普遍认为“燃素学说”是由他与施塔尔共同创立的化学理论。

贝歇尔的学生施塔尔（普鲁士王的御医、德国哈雷大学的医学化学教授）（Georg Ernst Stahl，1660—1734）对贝歇尔的学说推崇备至。他重版了贝歇尔的著述，并总结了燃烧中的各种现象及各家的观点，尤其是贝歇尔的观点，于 1703 年更明确地提出了系统的燃素学说。

施塔尔

和贝歇尔的观点一样，施塔尔也认为在物质燃烧时有可燃性元素逸出，但施塔尔把这种可燃性元素称为“燃素”，而不是“油土”。他认为“燃素”是一种细小而活泼的微粒，它存在于一切可燃的物质中，物质之所以能够燃烧，都是由于物质中含有燃素。当“燃素”飞散到空气中，就产生了燃烧的现象，逸出的“燃素”以游离的形式存在，大量的“燃素”聚集在一起就会形成明显的火焰，从而发光发热。油脂、蜡、木炭等都是富含“燃素”的物质，所以它们燃烧起来非常猛烈；而石头、灰烬、黄金等都不含“燃素”，所以不能燃烧。物体中含“燃素”越多，燃烧起来就越剧烈；所含“燃素”越少，燃烧起来就越微弱。施塔尔把这个理论发展成更广泛的理论体系，用以说明氧化、呼吸、燃烧、分解等很多化学现象。

燃素学说认为，“燃素”无处不在，充斥于天地之间。大气中含有大量“燃素”，就会在空气中产生闪电这种强烈的现象。植物能从空气中吸收“燃素”，动物又从植物中获得“燃素”，所以动植物中都含有大量“燃素”，生物含有“燃素”也就有了生命力。物质在加热时，“燃素”并不能自动分解出来，必须有空气将其中的“燃素”吸取出来，燃烧才能实现。也就是说，空气是带走“燃素”所必需的媒介，如果没有空气来吸收“燃素”，“燃素”就不可能从可燃物中逸出，也就不可能发生燃烧。如果一种物质在有限的空气中燃烧，火焰会逐渐熄灭，因为周围空气中的“燃素”已经达到饱和，即使物质中仍然有“燃素”残留，也不可能再从物质中逸出了，所以燃烧是离不开空气的。

燃素学说认为，“燃素”能由一种物体转移到另外一种物体中，一切与燃烧有关的化学变化都可以归结为物体吸收“燃素”和释放“燃素”的过程。物体失去“燃素”，就变成死的灰烬，一旦灰烬获得“燃素”，物体就会恢复原样。无生命的物质只要含有“燃素”就会燃烧，如硫黄（单质硫）燃烧时产生火焰，说明有“燃素”从硫黄中逸出，硫黄也就变成了硫酸。硫酸与富含“燃素”的松节油混合加热，硫酸吸收了松节油中的“燃素”，重新变成硫黄。金属能溶解于酸，是因为酸夺取了金属中的“燃素”。金属能发生置换反应，是由于“燃素”从一种金属转移到另一种金属的结果。油脂、蜡、木炭都来源于植物，而植物具有从空气中吸收“燃素”的功能，因此油脂、蜡、木炭都是富含燃素的物质。石灰石（碳酸钙）与煤炭一起煅烧，石灰石吸收了煤炭中的“燃素”而变成了苛性石灰（即氢氧化钙），但苛性石灰与“燃素”的结合并不牢固，因此空气能慢慢吸收苛性石灰中的“燃素”，于是又重新变为石灰石。金属煅烧时，释放出“燃素”，金属也就变成了金属灰。如果将木炭与金属灰放在一起加热，金属灰可以吸收木炭中含有的“燃素”，于是金属灰就重新变成金属。

从金属煅烧过程来看，燃素学说与波义耳的“火微粒”的观点颇为相似，但实际上施塔尔将金属煅烧过程表达为：金属－燃素＝煅灰，即认为金属燃烧是分解作用，而波义耳则认为金属煅烧是化合作用，即金属获得“火微粒”的过程，他们的观点恰好完全相反。

既然金属在煅烧时有“燃素”逸出，为什么重量反而增加了呢？既然燃烧时“燃素”进入了空气，为什么空气的体积反而减小了呢？如何合理解释这些问题始终是燃素学说的诟病。然而燃素学说毕竟脱胎于炼金术，一旦缺少回旋余地的时候，自然得从老祖宗的理论中寻找依据。法国科学家文耐尔不顾物理学已经取得的成就，认定“燃素”和“灵气”一样，与地心引力是相互排斥的，因而具有负重量（即所谓的“轻量”），火苗向上运动而不是向下运动恰好说明了这个观点，因此，当金属失去“燃素”时，重量不但没有减轻，反而是增加了。更有甚者，竟然从神学论中寻找依据，认为金属失去“燃素”，好比活着的人失去了灵魂。正如失去灵魂的死人总比活着具有灵魂的人重那样，“死”的煅灰自然就比“活”的金属重。虽然这样牵强附会的解释不能让人满意，但苦于没有更好的理论取代它去解释这一切。何况在定性地解释许多化学现象的时候，燃素学说还是游刃有余的。因此“燃素学说”很快就大行其道，为大多数化学家所接受。

4.“燃素学说”的历史价值

尽管燃素学说是一种错误的理论，但是它在整个化学发展史中的作用却是不容忽视的。首先，燃素学说从化学反应本身来说明物质变化，具有朴素唯物主义的特征，消除了以往赋予化学反应的神秘观念，力图建立全新的化学理论体系来揭示燃烧的本质，奠定了实验作为化学学科的研究方法，并通过实验积累了丰富的客观资料，直接导致了许多化学成果的诞生。所以燃素学说的创立全面取代了炼金术对化学界的统治。正如革命导师恩格斯所说，化学终于“借燃素学说从炼金术中解放出来”。其次，燃素学说是最早提出的化学反应理论。17 世纪的化学界处于混沌状态，化学反应的知识是支离破碎的、经验性的，缺乏合适的理论构建知识体系。燃素学说的提出，用简明、恰当的语言解释了化学反应过程中“燃素”的放出和吸收，并按逻辑予以分类、协调，使化学反应知识形成了似乎井然有序的体系。燃素学说用统一的观点来研究和解释完全不同的现象，把大量零星的、片断的反应知识联系在一起，给化学研究带来了前所未有的条理性和清晰性。虽然施塔尔对燃烧现象所作的解释与现代的化学理论恰好完全相反，但是燃素学说的某些观念与现代化学理论还是非常相近的。比如关于化学反应发生时，“燃素”从一种物质转移到另外一种物质中的观点；以及化学反应中物质守恒的观点，类似于现代化学理论中的一些观点，如置换反应是物质间相互交换成分的过程；氧化还原反应中发生电子转移且得失电子数相等；有机物发生取代反应时，有机物结构中某一位置的原子或原子团被其他原子或原子团替换的过程；等等。燃素学说正是凭借这种转移的概念，奠定了近、现代化学思维方式的基础。

虽然燃素学说臆造出“燃素”这种具有神秘特性的微粒，并赋予其“灵气”，但始终没能挽救其终将被颠覆的命运。在燃素学说流行的长达百年的时间里，化学家们为了证实燃素学说，为了迎合燃素学说去解释各种化学现象，又重复进行了大量实验，但终究没有分离出他们迫切想要的“燃素”。而舍勒、普利斯特里、卡文迪许等一批化学家在千方百计寻找“燃素”的过程中，相继发现了二氧化碳、氢气、氮气和氧气等气体。不过这些当时第一流的化学家，甚至是在化学历史上举足轻重的大化学家，他们大多数是燃素学说的忠实拥护者，燃素学说禁锢了他们的思维方式，所以他们无法正确认识这些气体的化学本质，以及蕴藏在发现这些气体背后的重大意义。但无论如何，这些气体的发现和化学家们所做的研究，都为之后化学的发展奠定了实验基础。恩格斯曾如此评价燃素学说：“在化学中，燃素说经过百年的实验工作提供了这样一些材料，借助于这些材料，拉瓦锡才能在普利斯特里制出的氧中发现了幻想的燃素的真实对立物，因而推翻了全部的燃素学说。但燃素学说者的实验结果并不因此而完全被排除。相反的，这些实验结果仍然存在，只是它们的公式被倒过来了，从燃素学说的语言翻译成现今通用的化学语言，因此它们仍保持着自己的有效性。”

在此之后百余年的时间内，燃素学说完全掌控了化学界，直到18世纪70年代，反对燃素学说的拉瓦锡等化学家则另辟蹊径，运用定量实验方法研究燃素学说信奉者们曾经做过的化学实验，从事实中形成了正确的观点。特别是在正确认识了氧气的化学本质之后，揭开了燃烧本质的神秘面纱，燃素学说才正式走下神坛，消失在化学历史的殿堂里。从此建立起科学的燃烧氧化理论，完成了化学史上的一次革命，化学才开始沿着正确的方向发展，开创了化学历史的新纪元。

02 破旧立新的大革命
——氧化学说的形成

◇ ……………

1703年，德国化学家斯塔尔创立的“燃素学说”认为：一切与燃烧有关的化学变化都可以归结为物质吸收燃素或释放燃素的过程；物质是否能够燃烧由其所含燃素的多少决定；在燃烧过程中，燃烧物体中的燃素被空气吸收；空气只起带走燃素的助燃作用；燃素能与其他元素结合成化合物，也能单独存在。在此之后近百年时间内，燃素学说一直统治着化学界，鲜有怀疑其真伪的科学家，即便提出质疑，也苦于没有确实可信的证据。

17世纪中叶，“气体”和“空气”是两个概念模糊的词汇，多数科学家认为空气是独一无二的气体元素，其他气体只不过是元素空气的各种不同形式而已。1724年，英国植物学家和化学家黑尔斯（Stephen Hales，1677—1761）发明了一种装置叫集气槽，可以用于收集和贮存气体。集气槽的发明改进了水上集气法，为发现和研究各种气体提供了新的实验方法和工具。随着对燃烧现象研究的深入，化学家们逐渐认识到气体的多样性和空气的复杂

黑尔斯

性，特别是碳酸气（即二氧化碳）、氢气和氮气等气体的发现，更重要的是发现了氧气，强烈冲击着燃素学说。同时，科学家发现物质燃烧后有的变轻、有的变重，这些变化都与空气有关，但是并不清楚究竟哪些气体与燃烧有关，是什么原因导致了燃烧后物质质量的改变。直到1873年才由法国化学家拉瓦锡（Antoine Laurent Lavoisier，1743—1794）揭开了谜底，合理地解释了这些谜团。

拉瓦锡，是继波义耳之后出现的又一位伟大的化学家。1743年8月26日，拉瓦锡出生在巴黎一个家境富裕的律师世家。他的父亲是巴黎高等法院的专属律师，母亲出自名门。他的父亲虽然是一位法学家，却一直对自然科学抱有浓厚兴趣，注意培养孩子在这方面的爱好和能力，并为他聘请了博物、物理、化学，特别是数学等方面的优秀教师，对他进行了完善的教育。他曾有一段时间想继承父业，学习法律，但是有两件意外的事降临到他的身上，从而改变了他的一生。一是拉瓦锡跟随父亲的好友矿物学家格塔尔教授到法国各地进行地质调查，随着对矿物界的认识增多，拉瓦锡越来越觉得矿物学远比法学更为有趣。二是法国的首都巴黎夜里一片漆黑，市民行动颇为不便。拉瓦锡设计了一种既明亮又经济的路灯，由于他的方案简单明了，所以科学院决定在他们的杂志上发表这个方案，并颁发给拉瓦锡一枚金质奖章。这两件事改变了他的一生，也改变了化学科学发展的进程。1768年，25岁的拉瓦锡就被选为法国科学院的院士，成为法国科学院最年轻的会员。他经常被邀请单独或与科学院的其他成员合作，作关于各种理论或实际问题的科学报告。他在研究工作中锻炼出了不凡的实验才能，为以后的成功打下了良好的基础。

1. 奇怪的实验事实

在拉瓦锡提出氧化学说之前，已经有不少科学家提出了与“燃素学说”相反的观点。17世纪中叶，被誉为“英国达·芬奇”的全才式科学家胡克（Robert Hooke，1635—1703）进行了许多有关化学燃烧理论的研究。在实验中他观察到：木炭在密封的容器中加以强热时，它并不变成灰烬，而只是变黑；但是，如果让空气进入

胡克

容器，木炭就立即燃烧，最后只留下白色的灰烬。在有空气和没有空气这两种不同的条件下，木炭燃烧的结果是不同的。这也正好说明，物质燃烧过程中空气是不可或缺的。胡克逐渐形成了自己的燃烧理论，他认为空气拥有两种特性不同的成分，其中一种成分可以与其他物质发生燃烧或爆炸，另一种成分是惰性物质；并且燃烧过程和人的呼吸极为相似，都离不开空气。

1660 年，胡克和英国化学家波义耳共同进行了真正意义上的燃烧探究实验。他们把木炭或硫黄单独放在一个容器中，并用抽气机将里面的空气抽尽，然后再对容器施以强热，结果木炭或硫黄都不能燃烧。而把木炭、硫黄与硝石混合（混合物即黑火药），即使在抽尽空气的条件下，仍然会发生剧烈的燃烧。于是他们得出了结论：燃烧必须依赖空气和硝石中所含的某种共同成分，空气与硝石在燃烧中的作用相同，都具有助燃作用，胡克将这种共同成分称为“亚硝空气”。实际上，硝石受热分解产生了氧气，所以这种“亚硝空气”就是氧气。遗憾的是他们并没有意识到这是个重大的发现，所以也就没有深入研究。

1674 年，英国医生梅猷进行了燃烧和呼吸试验。他将点燃的蜡烛放在一块木板上，让木板浮于水面上，然后用玻璃钟罩扣住水面上的蜡烛。他发现在蜡烛燃烧过程中，玻璃钟罩内的水面会逐渐上升，一段时间后蜡烛熄灭了，水面也就不再上升了，而玻璃钟罩内的水面上还存在着很大的空间。然后，他又将一只小白鼠装进一个相同的装置，发现水面也会逐渐上升，当小白鼠死亡后，水面同样不再上升，液面高度与蜡烛燃烧时完全相同。最后，他将燃烧的蜡烛和一只小老鼠同时放入这样的装置内，水面依然上升到相同高度后又不再变化了，而老鼠活命的时间和蜡烛燃烧的时间都比原来缩短了。他对实验结果作出这样的分析：空气中的一部分被蜡烛的燃烧或老鼠的呼吸消耗掉了，所以空气体积减小了；而剩余的空气不能支持蜡烛继续燃烧，也不能维持小白鼠的呼吸，所以蜡烛熄灭了，小白鼠也因此窒息死亡。据此，梅猷推断：空气中应该含有两种成分，其中一种具有助燃、助呼吸的作用。

罗蒙诺索夫

1756 年，俄国化学家罗蒙诺索夫(Lomonosov Mikhil Vasilievich，1711—1765）重做了波义耳的燃烧实验，不过他改变了波义耳的称量方式，在实验前和实验后都不打开瓶塞，而是把瓶子和金属一起称量。他对多种金属的燃烧进行了测定，在对密闭容器加热后发现：一开始金属铅熔化为银白色液体，最后表面覆盖了一层灰黄色物质；而红色的金属铜屑变成了暗褐色粉末；银白色的铁屑变黑了。并且反应前和反应后密闭容器的总质量没有改变，而金属灰比原来金属的质量增加了。按照波义耳的观点，如果“火微粒”穿过容器壁与金属结合的话，容器质量应该增加；而按照燃素学说的观点，“燃素”是具有负质量的，若金属失去“燃素”转变为金属灰，容器的质量也应该增加。但实验事实证明了容器的质量并没有变化，而金属灰却比原来重了。于是罗蒙诺索夫得出结论：金属没有分解出“燃素”，一定是容器内的空气元素与金属化合，导致金属灰质量增加了，金属所增加的质量恰好等于空气所减少的质量。根据反应中的质量变化情况，他又得出结论：“参加反应的全部物质的质量，等于全部反应产物的质量。”这就是作为化学科学基石的质量守恒定律。罗蒙诺索夫是“燃素学说”时期出现的第一位重要的科学家，他的实验研究工作使得燃素学说危机毕现。借助于他的实验，拉瓦锡推翻了 1703 年施塔尔提出的燃素学说，为建立“氧化学说”打下了坚实的基础。

1755 年，杰出的气体化学家、英国爱丁堡大学教授布拉克(Joseph Black，1728—1799)，在实验中发现了二氧化碳，并且首先采用了定量实验的方法对其进行研究。布拉克将一定质量的白垩

（碳酸钙）煅烧，发现白垩的质量减少了大约44%，他认为其原因是反应中一部分物质变成气体逸出了。他用相等质量的白垩与酸作用，也得到了这种气体，其质量与煅烧时放出的气体质量完全相等。用石灰水吸收生成的这些气体，产生的白色沉淀与白垩具有完全相同的性质。布拉克认为它是固定在某些物质中的气体，于是把这种气体命名为“固定空气”（二氧化碳）。在以后的实验中，布拉克逐渐发现这种“固定空气”不同于普通空气。它比空气重；点燃的蜡烛在其中不能继续燃烧，麻雀或小白鼠在其中会窒息死亡，而空气则能帮助燃烧和呼吸；它能被苛性碱吸收，而空气则不能被吸收。

燃素学说认为白垩加热后具有碱性是由于从碳中吸收了燃素的缘故，而布拉克通过实验证明，白垩不但没有吸收燃素，而且还有“固定空气”放出，因此与吸收不吸收“燃素”毫无关系，就此动摇了他对燃素学说的信任。布拉克关于“固定空气”的发现和研究，不仅使人们认识到气体的多样性，而且还认识到气体是具有确定性质的物质。气体不仅可以独立存在，而且还可以参与化学反应，并且可以成为固体物质的组成部分。布拉克对二氧化碳的性质及其化合物的研究是对燃素学说的一次有力批判。

早在16世纪，瑞士医药化学家帕拉塞斯就知道铁屑与醋酸反应会产生一种气体，当然他并不清楚是什么气体（实际上就是氢气）。之后也有不少科学家也曾接触过氢气，然而最早收集并研究氢气性质的化学家是英国人卡文迪许（Henry Cavendish，1731—1810）。1766年，卡文迪许用稀硫酸、盐酸分别与锌、铁等金属作用，并用普利斯特里发明的排水集气法收集了反应生成的气体。他将这种气体与空气混合后点燃，结果发生了爆炸，这个性质与已知的各种气体都不同，从而断定它是一种新的气体。由于这种气体能够燃烧，所以卡文迪许将其命名为“易燃空气”（氢气）。作为燃素学说的忠实信徒，卡文迪许认为：金属是含有燃素的，与酸反应时燃素逸出金属，形成了这种“易燃空气”，甚至一度认为“易燃空气”就是“燃素”。当卡文迪许将“易燃空气”充入猪的膀胱后，猪膀胱竟然会徐徐上升，这种现象恰恰符合“燃素”具有“负重量”的认识。然而，当卡文迪许理解了浮力的有关知识后，又进一步研究了实验。这次他不仅测量了气体的体积，还称量了反应前后烧瓶和烧瓶内物质的总质量，结果发现反应后质量减小了，这就说明“易燃空气”是有质量的。继续研究又发现“易燃空气”的密度仅为空气的9%，原来猪膀胱升空不是因为“易燃空气”有“负重量”，而是因为“易燃空气”比空气轻得多的缘故。但是有一些顽固的燃素论者却认为氢气是燃素和水的混合物。卡文迪许对于“易燃空气”的发现和对于“易燃空气”性质的研究，以及因此而引发的争论又一次动摇了燃素学说。

1755年，布拉克发现了二氧化碳，17年后他的学生卢瑟福(Daniel Rutherford，1749—1819）用动物重做了相关实验。他把老鼠放进密闭的玻璃钟罩里，老鼠被闷死后，发现玻璃钟罩内空气体积缩小了1/10，用碱液去吸收剩余的气体，气体体积又减少了1/10。进一步实验，卢瑟福发现在老鼠不能生存的空气里蜡烛还能够微弱燃烧。蜡烛熄灭后，再放入少许磷，磷仍然可以再燃烧一会儿。他对磷燃烧后剩余的气体继续进行了研究，得出结论：这种剩余的气体不能维持生命，不能支持燃烧，可以熄灭火焰，不能被碱液吸收。由于卢瑟福也信奉燃素学说，他把这种气体称为“油气”或“毒气”（氮气)，认为它只是一种“被燃素饱和了的空气”，因此它失去了助燃的能力，而不承认这种气体是空气的一种成分。同年，化学家舍勒也对这种气体进行了研究，他称这种气体为“浊气”或者是“用过的空气”，认为这种气体是空气的一种组分。燃素学说认为空气是一种单一的气体元素，而发现氮气以及对氮气性质的研究，又一次重创了燃素学说。后来拉瓦锡给它取名为“氮”，意思是无益于生命。

2. 发现并研究氧气

如果说二氧化碳、氢气和氮气的发现为燃素学说敲响了警钟的话，那么氧气的发现和氧气性质的研究则为燃素学说敲响了丧钟。

早在17世纪上半叶，英国医生梅猷就在实验中发现，火药能在抽空的器皿内或水中燃烧，他认为火药中的硝石与空气同样具有助燃的成分，他称之为“硝气精”。梅猷还做了金属锑的煅烧实验，结果其产物与金属锑经过硝酸处理后的产物是同一物质，因而推断金属锑煅烧后质量增大是由于“硝气精”固定于金属锑上。梅猷距离氧气的发现曾经是那么近，可惜他本人并未意识到，不过他对燃烧现象所做的推断，在当时是相当先进的。

1772～1774 年间，舍勒和普利斯特里分别先后独立地发现并制得了氧气。1767 年，瑞典化学家舍勒在加热硝石（即硝酸钾）时得到了一种他称为“硝石的挥发物”（氧气）的物质。1772 年，他把黑锰矿（二氧化锰）与浓硫酸共热，也得到了相同的气体。舍勒研究了这种气体的性质，发现可燃物在这种气体中燃烧比在空气中燃烧更为剧烈，他称这种气体为“火气”。经过进一步实验，他又分别用氧化汞、硝酸镁、碳酸银、硝酸汞、高锰酸钾等物质制得了“火气”，并把实验结果整理成《火与空气》一书。由于出版商工作失误，该书直到 1777 年才出版。而在 1774 年英国化学家普利斯特里（Joseph Priestley，1733—1804）也发现了氧气。他把这种气体叫作“脱燃素的空气”。

从两位科学家为氧气所取的名称即可知，他们也是燃素学说的忠实信徒，所以他们并没有沿着助燃的角度继续深入研究下去。虽然舍勒已经明白空气不可能是单一的气体元素，因为空气是由“火气”和“浊气”组成的，而且估计其体积比为 1:3。但是他们依然按照燃素学说的方式理解氧气的性质，舍勒把氧气称为“火气”，他认为燃烧是空气中的“火气”与可燃物中的“燃素”结合的过程，火是“火气”与“燃素”形成的化合物，“火空气”的作用在于吸收可燃物中的“燃素”。而普利斯特里认为氧气是一种“脱燃素空气”，空气的助燃能力与空气中燃素含量有关，“脱燃素空气”吸收“燃素”的能力必定很强，所以助燃能力也就格外强。

舍勒和普利斯特里一样，没有摒弃旧的理念，而是提出有创新意义的见解。正如恩格斯所说，他们“从歪曲的、片面的、错误的前提出发，循着错误的、弯曲的、不可靠的途径前进，往往当真理碰到鼻尖上的时候还是没有得到真理”。他们虽然发现了氧气，但是没有深入研究氧气的性质，所以并未因此而引爆毁灭燃素学说的火药桶。

3. 研究方式的革新

法国化学家拉瓦锡对于燃素学说早就心存疑虑，这种疑虑始于有关锡或铅等金属在煅烧时质量增加的实验结果。于是从 1772 年开始，拉瓦锡专心于燃烧实验的研究，但是他在研究工作中更为注重物质质量的变化。首先，他对磷的燃烧进行了观察和测定。与以往的实验不同，他成功地收集了磷燃烧所产生的全部白烟，发现白烟的总质量大于原来的磷的质量。接着，他改变了实验的方法，将白磷放入一个玻璃钟罩内燃烧。结果 1 盎司的白磷（P_4）大约可得到 2.7 盎司的白色灰烬（P_2O_5）。增加的质量和所消耗的 1/5 容积的空气质量基本接近。实验结果表明，磷在燃烧的时候，可能与空气中的一部分物质化合了。

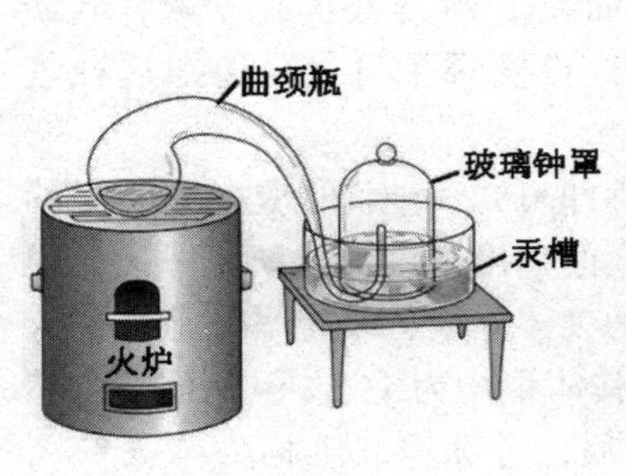

拉瓦锡的白磷燃烧实验

拉瓦锡的实验设备

那么，金属在煅烧中质量增大的现象是否属于同一原因呢？1774 年，拉瓦锡重做了波义耳关于煅烧金属的实验。他将实验用的铅和锡进行了精确称量，分别放入曲颈瓶中，密封后精确称量金属和曲颈瓶的总质量，然后充分加热直至金属完全变为灰烬。冷却后，再次称量密封的曲颈瓶的总质量，结果与实验前完全一致。由此拉瓦锡认为，波义耳关于“火微粒”穿过容器壁和金属结合的观点是错误的。当他打开瓶塞时，空气带着尖锐的响声冲了进去，他敏锐地捕捉到这一现象，立即称量了此时曲颈瓶的质量，发现质量增加了。再称量金属灰的质量，发现质量也增加了，而且增加的质量恰好等于打开瓶塞后曲颈瓶所增加的质量。拉瓦锡推断，正是由于空气的流入使得整体的质量增加了，金属燃烧后质量增加的原因，一定是金属与空气结合造成的。也就是说，金属灰是金属与空气的化合物，而与“燃素”或者其他任何物质无关。至此，拉瓦锡已经完全否定了燃素学说。然而，燃素学说毕竟统治了化学理论界近百年时间，“百足之虫，死而不僵”，他还需要更多的实验证据来说明这个事实。

要知道，在那个年代，人们还不了解空气的组成，金属灰是不是金属和空气的化合物呢？究竟是空气与金属化合，还是空气中的某种成分与金属化合了呢？这是拉瓦锡亟待解决的问题。为了验证结论，拉瓦锡用煅灰做了大量实验。他将铅煅灰与焦炭一起加热，大量“固定空气”（二氧化碳）释放出来，煅灰变为金属铅。联系到焦炭在空气中燃烧也生成“固定空气”的事实，拉瓦锡认为铅煅灰是金属铅和空气结合的产物，而铅煅灰与焦炭反应所放出的“固定空气”，一定是焦炭与铅煅灰中释放出来的空气相结合的结果。要进一步证实这个结论，更有说服力的当然是从金属煅灰中直接分离出空气，于是他用铁煅灰（铁锈）进行实验，但是没有取得成功。

4. 推翻了百年理论

拉瓦锡的研究遇到了瓶颈，一时难以突破。正当他一筹莫展的时候，拉瓦锡接到了舍勒的来信。舍勒建议他用聚光镜加热碳酸银，再用石灰水（氢氧化钙）吸收二氧化碳，就可以得到一种能助燃的气体。但是拉瓦锡没有在意这个建议，因为碳酸银并不是他所需要的金属煅灰，对他的研究没有帮助。次月，普利斯特里访问巴黎，拉瓦锡设宴接待了这位科学家。普利斯特里向拉瓦锡详细叙述了自己用聚光镜分解汞灰（氧化汞）的实验过程，以及所获气体具有显著助燃作用的特性。拉瓦锡立即感到，也许这种气体就是他解决实验问题的关键。在之后的几个月时间里，拉瓦锡反复研究了普利斯特里的实验。他在一定量的空气中加热少量水银，加热持续了20天，到12天时，空气的体积减小了1/5，以后就不再减少了，水银也转变为红色粉末了。他把这些红色粉末放入曲颈瓶中加热，红色粉末又重新转变为水银，同时还产生了如普利斯特里所说的那种气体，其体积与空气失去的那部分体积完全相等，其质量也与水银变成红色粉末时所增加的质量完全相同。拉瓦锡这才恍然大悟，原来以为金属灰是金属与空气的化合物，实际上是金属与这种被普利斯特里称为“脱燃素空气”的气体化合了。紧接着，拉瓦锡又深入研究了从汞灰中分解出的气体，发现这种气体不是那种同空气一接触就变为红色的气体（不是一氧化氮），不是那种通入石灰水中就会产生白色混浊物的气体（不是二氧化碳或二氧化硫），不是那种能在碱溶液中溶解并能中和碱性的气体（不是氯化氢），不是那种同水混合和振荡就能被吸收的气体（不是氨气）。这种气体比普通空气更助燃、更助呼吸。

拉瓦锡在研究空气

实验事实使他确信，这种气体不是已知的任何一种气体，它是构成空气的一种组分，如果没有这种气体的存在，任何物质都不会燃烧，而物质燃烧都是与这种气体发生了化合反应，绝非燃素学说认为的分解反应，即“金属－燃素＝煅灰”，所谓的燃素实际上是不存在的。当时他把这种气体称为“上等纯空气”，直到1785年，拉瓦锡和他的同行戴莫维、贝托雷、佛克罗伊合作编写了《化学命名法》，才正式将这种气体命名为Oxygene（氧气）。

拉瓦锡对待燃素学说的态度是审慎的，他研究了各种物质的燃烧，以及燃烧后的产物和燃烧剩余的气体。在获得了大量的实验事实后，从1777年开始，拉瓦锡公开反对燃素学说。他在一份报告中写道：“化学家们使燃素成为一种含糊的要素，它没有严格的定义，因此适应于一切可能引用它的解释。这要素是重的，时而又不重；它时而是自由的火，时而又是同土元素相化合的火；它时而通过容器的微孔，时而又穿透不过它们。它同时解释苛性和非苛性、透明和不透明、有色和无色。它是名副其实的普罗丢斯（希腊神话中变幻无常的海神），每时每刻都在变换形状。”

1777 年 9 月 5 日，拉瓦锡向法国科学院正式提交了《燃烧概论》，系统地阐述了燃烧的“氧化学说”。文章的主要观点是：

（1）任何燃烧都放出热或光；

（2）物体只能在有氧存在时才能燃烧；

（3）空气由两种成分组成，物质在空气中燃烧所增加的质量恰好等于吸收氧气的质量；

（4）非金属燃烧后通常可以转变为酸，一切酸中都含有氧元素，而金属燃烧后转变为金属氧化物。

拉瓦锡运用定量的方法研究了实验，从而正确地认识了空气的组成成分和氧气对物质燃烧所起的作用，从理论上揭示了化学变化的真相，击中了燃素学说的要害。燃素学说对“物质燃烧后质量增加”以及“燃烧后空气体积减小”的解释牵强附会，而“氧化学说”却可以轻松地解释，由于氧气与可燃物化合，所以导致空气体积减小，物质燃烧后质量增加。关于“燃烧产物能够利用某种方法复原为可燃物”的实验事实，例如金属灰与木炭混合后加热，可以重新得到金属；用氢气与金属灰作用，同样可以得到金属。运用燃素学说解释为：易燃物富含“燃素”，在加热过程中，“燃素”转移给金属灰，金属灰得到“燃素”后重新生成原来的金属。但是在解释为什么氧化汞仅仅靠加热就转变为水银时，却无法运用同样的道理去解释。需要的“燃素”从何而来？“氧化学说”的解释同样轻松：前者是金属灰被木炭或氢还原了，后者是氧化汞在高温时分解产生的。显而易见，“氧化学说”的解释更为简明扼要，更符合逻辑，更为统一，没有矛盾或牵强的方面，使得人们真正认清了燃烧的本质。

拉瓦锡成功地运用“氧化学说”解决了许多问题，如确定了水的组成；确定了碳酸气就是碳与氧元素的化合物；确定了有机化合物中含有碳、氢、氧三种元素以及它们的比例关系；明确了动物的呼吸也是一种燃烧现象；等等。拉瓦锡在《燃烧概论》中提出的“氧化学说”，宣告了统治化学界长达百年之久的燃素学说理论体系的彻底破灭，这是化学史上一次伟大的革命。从此化学揭开了神秘的面纱，摆脱了主观臆断，取而代之的是科学的实验和定量的研究，化学学科进入定量化学时期（即近代化学时期），开创了化学的新纪元。因此拉瓦锡是近代化学的奠基者之一。

03 开创了化学的新时代
——原子学说的形成

◇

有关原子概念的记载，最早出现在公元前 6 世纪的古印度。胜论派认为：实体总是短暂的，既然有短暂性的东西，就应有永恒性的东西，不然就无所谓短暂性，这个永恒性的东西就是“极微”。物体不是无限可分的，必须要有一个终点，也就是“极微”。“极微”是不可见的，亘古不变、不灭，无始无终。“极微”的形状是圆的，“极微”是不断运动的，它们彼此之间相互结合，成为二重极微，名为“子微”。三个二重极微相互结合，成为三重极微，名为“孙微”，它的大小就和光尘相同了。四个三重极微相互结合，成为四重极微等，这样辗转相依，形成了大千世界。

1. 古代原子观的形成

公元前 4 世纪左右，中国哲学家墨翟在其著作《墨经》中提出：“端，体之无厚而最前者也。”“端，是无同也。”“端，无间也。”其大致的意思是：物体分割到不能再分了，最后剩下的就是“端”。“端”是物体构成中最小的、最基本的东西。“端”之间紧密排列在一起，以至于没有空隙。也就是说，物质是不可以无限分割的，而“端”实际上就是原子的概念。同为战国时期的思想家惠施有一句名言：“一尺之棰，日取其半，万世不竭。”意思是：一尺长的木棍，每天弄断一半，永远都弄不完。也就是说，木棍可以无限分割，与“端”的认识完全对立。尽管古代中国也存在哲学的原子观点，但是中国讲究模糊性，所以始终没有形成完整的理论系统。

最著名的原子唯物论学说，由古希腊爱奥尼亚学派的著名学者留基伯提出，他的学生德谟克利特总结并发展了他的观点。在公元前450年，德谟克利特提出了世界的本原就是“原子”和“虚空”，这是历史上第一次出现“原子”这一名词。德谟克利特认为原子的根本特性是“充满和坚实”，虚空恰恰相反，它的特性是“空虚和疏松”。原子是最小的、肉眼看不见的、不论用什么方法也不能再分割的物质粒子。原子之间存在着虚空，无数原子自古以来就存在于虚空之中，既不能生成，也不会毁灭。同一物质的原子均相同，不同物质由不同原子组成。原子在数量上是无限的，其本质相同，只是在形状、大小和排列方式上各不相同。原子在虚空中不停地、随机地运动，运动中原子间相互碰撞，偶尔会黏附并结合在一起，形成世间万物。这些结合有的比较稳定，有的较不稳定。不稳定的结合将很快地分离，而较稳定的结合保留了下来，任何事物的变化都是由这种结合和分离导致的结果。

德谟克利特

德谟克利特的原子论说明了世界的物质性，他推测了物质的结构，肯定了运动是物质的属性，其观点与现代物质结构的理论有许多相似之处，所以“原子”这个名词被沿用至今。但是德谟克利特的原子论从一开始就遭遇了众多反对的声音。亚里士多德就不相信真空（即虚空）的存在，也不相信原子的存在，他有一句名言，即“自然厌恶真空”。他认为物质是连续的，可以无限分割下去，不存在不可分割的最小单位。无论是德谟克利特还是亚里士多德，他们的结论都是抽象的、哲学的推理，他们的争论也只是哲学层面的争论，还没有可能通过定量实验和数学推理来提供论据。由于当时亚里士多德更为有名、更具权威性，所以几乎没有人相信德谟克利特的原子论。只有伊壁鸠鲁、卢克莱修等哲学家接受了德谟克利特的原子论，并改进、发展了该学说，成为古代原子论理论的最主要来源。

2. 从哲学走向科学

欧洲文艺复兴时期，与原子论相关的思想再度出现。但是要让人们接受原子论的观点，必须首先解决一个问题，那就是证明真空是真实存在的。“近代科学之父”意大利物理学家伽利略（Galileo Galilei，1564—1642）是这个时期最早相信原子存在的学者之一，但是伽利略也认为根本就不存在真空。伽利略最后的一个学生意大利物理学家托里拆利（Evangelista Torricelli，1608—1647）于1643年制造出了气压计。他让人制作了一根1米长的玻璃管，一端封闭，一端开口。先将水银灌满玻璃管，然后堵住开口的一端，再将其倒立垂直放进一碗水银中。结果玻璃管中的水银液面下降到76厘米高度时就不再降低，而顶端的部分却变空了。实验说明空气是有压力的，其实这是最早用人工方法获得的真空，至今人们还把它叫作托里拆利真空。1646年，法国物理学家、数学家帕斯卡（Blaise Pascal，1623—1662）重复了气压计实验，证实了托里拆利关于大气压力的观点。他认为空气确有重量，真空确实存在，大气压力是普遍存在的。由于实验佐证了存在真空的事实，反对原子论的重要理由便不复存在了。

伽桑狄

1650年，法国著名科学家、哲学家伽桑狄（Pierre Gassendi，1592—1655）在他的著作中用原子的形状和大小说明物质的各种性质，他认为“物质是按一定次序结合的不可分不可灭的原子的总和”，“运动着的原子是构成万物的最原始的不可再分的世界要素”，“原子正是在这种真空中运动”。伽桑狄是原子论的复兴者，他使人们对原子论的关注在17世纪得以复苏，并因此引发了科学家的兴趣，从而成功地将原子论从哲学思辨阶段转变为科学研究阶段。对此，波义耳曾高度评价："古代哲学家的那些理论，现在又在大声喝彩中复兴了，仿佛是现代哲学家发现的。"

英国化学家波义耳正是受到伽桑狄的影响，在划时代的名著《怀疑的化学家》一书中提出："宇宙中由普遍物质组成的混合物体的最初产物实际上是可以分成大小不同且形状千变万化的微小粒子，这种想法并不荒谬。"在他看来，元素是指"某些原始的、简单的物体，或者说是完全没有混杂的物体，它们由于既不能由其他任何物体混成，也不能由它们自身相互混成，所以它们只能是我们所说的完全结合物的组分，是它们直接复合成完全结合物，而完全结合物最终也将分解成它们"。波义耳认为物质是由不同的"微粒"或"原子"自由组合构成的，而并不是由诸如气、土、火、水等基本元素构成。他提出"猜测世界可能由哪些基质组成是毫无用处的，人们必须通过实验来确定它们究竟是什么"。从此，化学研究的方法就确定在实验的基础上了，所以波义耳被认为是近代化学的奠基人。

英国物理学家牛顿（Isaac Newton，1643—1727）继承和发展了波义耳的观点。他认为：物质是由一些很小的微粒组成，这些微粒通过某种力量彼此吸引，当粒子直接接触时，这种力特别强；粒子间距离较小时，这种力可以使粒子进行化学反应；粒子间的距离较大时，这种力则失去作用。牛顿从力学角度对物质结构微粒的认识对道尔顿创立原子学说产生了很大影响。

17 世纪以后，越来越多的人开始接受原子论，而这种支持仍然局限于哲学意义上。真正为原子论提供事实论据的既不是哲学家，也不是物理学家，而是化学家的科学实验。

法国著名化学家拉瓦锡曾经这样描述原子，"如果元素表示构成物质的最简单组分，那么目前我们可能难以判断什么是元素；如果相反，我们把元素与目前化学分析最后达到的极限概念联系起来，那么，我们现在用任何方法都不能再加以分解的一切物质，对我们来说，就算是元素了"。拉瓦锡对化学的第一个贡献是从实验的角度验证并总结了质量守恒定律，他认为：在化学变化中，物质的质量是守恒的，物质不能被创造也不能被消灭。质量守恒定律成为之后所有化学家进行实验、思维和计算的依据，同样也为道尔顿创立原子学说提供了实验手段和理论依据。

1799 年，法国化学家普鲁斯特（Joseph - Louis Proust，1754—1826）根据一系列实验结果，提出了定比定律。在研究过程中，无论他用什么方法制备碳酸铜，所得到的铜元素、碳元素和氧元素的重量比例都是一定的（铜∶碳∶氧 = 5∶1∶4）。根据这个实验事实，普鲁斯特得到了这样的结论：两种或两种以上元素相互化合形成某一化合物时，其组成元素及质量都有确定的比例，既不会增加，也不会减少。现在看来，这只不过是关于化合物性质的描述，而在当时，化学界还不能明确区分化合物和混合物的概念，因此许多持相反观点的化学家表示反对，他们认为元素能够以任何比例相互结合。真理终究会战胜谬误，8 年后定比定律被确认为化学的基本定律之一。

受到质量守恒定律、定比定律等化学理论的影响，英国化学家兼物理学家道尔顿（John Dalton，1766—1844）结合定量实验的研究成果，于 1803 年提出了影响近代化学发展的原子学说。道尔顿的原子学说第一次真正把原子从哲学推理转变为一种科学的概念，从而把化学研究提高到一个新的水平，伟大革命导师恩格斯誉称他为近代化学之父。

道尔顿的科学研究始于气象观测和对气体物理性质的研究。他曾做过这样的实验：在相同容积的容器中分别充入气体 A、气体 B 和 A 与 B 的混合气体（A 与 B 之间不发生反应），然后分别测量容器中的压强。从实验中道尔顿得出这样的结论：混合气体的总压等于组成它的各种气体的分压之和，这就是著名的气体分压定律。道尔顿从这个研究结果推论：各种气体都是由同样大小的微粒构成，气体分压定律表明一种气体的微粒均匀地分布在另一种气体的微粒之间，气体的微粒所表现出来的性质与容器中有没有其他气体微粒无关。他又研究了许多地区的空气组成，发现各地的空气都是由氧气、氮气、二氧化碳和水蒸气四种物质混合而成的。经过长期的研究，道尔顿认为：气体微粒确确实实存在，但是这些微粒实在太小了，以至于即便使用显微镜也无法观察到。道尔顿想起，古希腊哲学中把最小的、不可以分割的微粒称为“原子”，于是引用了“原子”这个名词来描述那些气体微粒。由于道尔顿还不清楚原子和分子的区别，所以什么样的微粒，他都一律称之为原子。

如何才能证实气体原子的确存在呢？道尔顿采用各种手段进行实验，在实验中道尔顿得到了这样的数据：7 克氧气和 1 克氢气生成 8 克的水（数据有误差），由此得到氧和氢化合时的质量比；同样的方法也可以得到生成氨气时的氮和氢的质量比。获得了这些质量比的数据还不足以说明问题，道尔顿认为还必须要测量出各种原子的原子量，这样才能说明原子确实存在。要测定各种原子的原子量就必须知道化合物的微粒究竟由几个原子组成，才能进行计算。问题是谁也不知道化合物的微粒组成，怎么办呢？道尔顿为此作出了大胆的假设，提出了原子构成微粒（即分子）的基本原则：A 和 B 两种元素之间，若只形成一种化合物，其分子为 AB；若形成两种化合物，其分子为 AB、ABB 或 AAB，以此类推。同时，两种元素化合时必须遵循从简单到复杂的方式。道尔顿根据以上的假设，又将氢的原子量以 1 作为基准，换算出了一批原子的原子量，记载在自己的日记中，这就是世界上第一张原子量表。道尔顿对于化合物所含原子数目的假设是错误的，由此计算出的原子量当然也是不准确的（实际上他计算出的是当量）。但是他创造性地进行原子量的测量和计算，第一次把哲学意义上的原子概念与具体的化学实验结合起来，使得原子成为了一种具有一定质量的、可以测量的物质实体。

3. 创立了原子学说

在创立原子学说的过程中，道尔顿进行了大量的实验研究。他分析了一氧化碳和二氧化碳，发现与等量的碳化合时，所消耗的氧气质量之比为 1:2。他又对沼气（即甲烷）和油气（即乙烯）的化学成分进行了分析，测得沼气中碳氢比是 4. 3:4，油气中碳氢比是 4. 3:2。类似的情况也出现在其他成对的化合物中。根据实验结果，道尔顿第一个提出了表述这一规律的倍比定律，即“各元素总是按一定的质量比例相互化合，这是因为该化合物的分子总是由一定数目的一种元素的原子与一定数目的另一种元素的原子结合而成的，而各种元素的原子的质量是一定的。如果一种元素的一个原子不仅可以与另一种元素的一个原子化合形成一种化合物，而且也可以与另一种元素的两个、三个原子形成几种不同的化合物，由于第二种元素的原子量都是相同的，因此，与一定质量的第一种元素相化合的第二种元素的质量就成简单的整数比”。由于结论来源于实验，具有相当高的可靠性，所以道尔顿把倍比定律作为原子学说的实验论据，又把它作为原子学说的一个推论。

通过大量的实验论证，道尔顿终于完成他一生中最重要的工作，创立了真正的、科学的原子学说。1803 年 10 月，在曼彻斯特举行的文学和哲学学会的一次活动中，道尔顿第一次宣布了他的原子学说，阐述了有关原子量计算的见解，并且公布了第一张包含有 21 个数据的原子量表。在报告中，道尔顿的基本观点可以归纳为三个要点：

（1）原子是组成元素的、极其微小的、不可见的、不可分割和毁灭的微粒。原子在一切化学变化中保持其原来的性质。

（2）同一元素的所有原子在形状、质量和性质方面均完全相同；不同元素的原子其形状、质量和性质各不相同。原子的质量是每一种元素的原子所具有的最根本的特征。（核心观点）

（3）不同元素的原子以简单整数比相结合，所形成的化合物被称为复杂原子，其质量为所含各元素原子质量的总和。同一化合物的复杂原子，其组成、形状、质量和性质必然相同。

1808 ~ 1810 年，道尔顿最重要的著作《化学哲学新体系》陆续出版，他在第一册书中全面阐述了原子学说的由来和发展过程，详尽论述了原子学说的基本观点。第二册书的主要内容是结合化学实验的事实，运用原子学说理论分析一些元素及化合物的组成和性质。在书中，道尔顿对 1803 年的原子量表做了多处修正，并设计出一系列符号来表示各种原子，然后用这些符号的组合来表示化合物中原子的排列方式。

道尔顿的原子学说是一种定量学说，它的建立为化学实验提供了简明的分析、解释的依据。譬如在化学反应中只是改变组合方式，而不改变原子个数，其总质量一定守恒（质量守恒定律）；不同元素的原子之间以简单整数比相结合形成化合物，它们的质量组成相同（定比定律）；若元素A与元素B可能形成两种化合物，如果在第一种化合物内，两个A原子与一个B原子化合，在第二种化合物中，一个A原子与一个B原子化合，那么与相同质量的B化合，第一种化合物内A的质量一定是第二种化合物内A质量的两倍（倍比定律）。

当然，道尔顿的原子学说并非完美，诸如“原子不可分”等论断现在看来都是错误的。但原子学说所提出的概念具有理论价值，成为当时化学家们解决实际问题的重要理论依据，也使众多的化学现象得到了统一的解释。特别是原子量概念的建立，把定量研究与定性研究相互结合起来，推动化学乃至整个自然科学向前发展。

恩格斯曾高度评价道尔顿的原子学说：“在化学中，特别感谢道尔顿发现了原子论，已达到的各种结果都具有了秩序和相对的可靠性，已经能够有系统地，差不多是有计划地向还没有被征服的领域进攻，可以和计划周密地围攻一个堡垒相比。”“化学中的新时代是随着原子论开始的。所以，近代化学之父不是拉瓦锡，而是道尔顿。”

道尔顿提出的原子学说揭示了化学学科的核心和本质，即一切化学现象均源于原子的化合与化分。道尔顿的原子学说是继拉瓦锡的氧化学说之后，理论化学的又一次重大进步，它的建立标志着近代化学开始了新的发展历程，化学作为一门学科宣告正式成立。

04 曾经被埋没的宝石
——创立分子学说

◇ ………………

阿伏加德罗常数（Avogadro's constant，符号：N_A）是物理学和化学中的一个重要常量。阿伏加德罗常数正式的定义是0.012千克碳-12中所含的碳-12原子的个数，其数值近似等于6.022×10^{23}。它表示1摩尔的任何物质所含的微粒数。阿伏加德罗定律也是物理学和化学中的常用定律，其内容是：在相同温度、相同压强的条件下，相同体积的任何气体所含有的分子数都相同。

阿伏加德罗

阿伏加德罗定律是意大利物理学家、化学家阿伏加德罗（Ameldeo Avogadro，1776—1856）于1811年提出的，在它没有被科学界认同和没有被科学实验验证之前，人们称之为阿伏加德罗的分子假说。这一定律揭示了气体反应的体积关系，例如在温度为0 ℃、压强为1.01×10^5 Pa时，1摩尔任何气体的体积都接近于22.4升。如果对这个结果进行换算，得到的结果是：1摩尔任何物质都含有6.022×10^{23}个微粒。为了纪念阿伏加德罗这位杰出的科学家，法国科学家佩兰（Jean Baptiste Perrin，1870—1942）把这个数值叫作阿伏加德罗常数。

1776年8月9日，阿伏加德罗出生于意大利都灵，父亲是著名的律师。按照父亲的愿望，他攻读法律，16 岁时就获得了法学学士学位，20 岁时又获得宗教法博士学位。此后当了 3 年律师，喋喋不休的争吵和尔虞我诈的斗争使他对律师生活感到厌倦。从 24 岁起他开始研究数学、物理、化学和哲学，并发现这才是他的兴趣所在。1803 年，他和他的兄弟费里斯联名向都灵科学院提交了一篇关于电的论文，第二年就被选为都灵科学院的通信院士。1806 年，他被聘为都灵科学院附属学院的教师，开始了他一边教学、一边研究的新生活。1809 年，他被聘为维切利皇家学院的数学、物理学教授，并一度担任过院长。1819 年，他正式当选为科学院院士。1820 年，他被聘为都灵大学数学、物理学教授，之后一直在这里教学和进行科研工作。自从 1821 年他发表的第三篇关于分子假说的论文仍然没有被重视和采纳后，他开始把主要精力转回到物理学方面。他一生发表了 50 多篇论文，最重要的著作是四大卷的《可度量物体物理学》，这是关于分子物理学最早的一部著作。阿伏加德罗是一位勤奋、谦逊和不计名利的科学家，他为人低调，甚至没有为后人留下一张照片或画像。他没有去过国外，也没有获得过任何荣誉称号，但是在他死后却赢得了人们的高度敬仰。1911 年，为了纪念阿伏加德罗定律提出 100 周年，意大利都灵修建了阿伏加德罗的纪念像，出版了他的选集，都灵市特意命名市内的一条大街为阿伏加德罗大街。

1. 理论之战

18 世纪末，拉瓦锡成功地运用氧化学说确定了水由氢元素和氧元素组成，然而究竟有多少氢气和氧气发生了反应，在当时还没有结论。1805 年，法国化学家盖-吕萨克（Joseph Louis Gay - Lussac，1778—1850）在研究空气成分的一次实验中发现，水可以用氧气和氢气按体积比 1:2 的比例制取。这个极为简单的体积比，引起了盖-吕萨克的浓厚兴趣。为了确定其他物质反应

盖-吕萨克

生成化合物时是否也存在同样的关系，他做了进一步研究。实验结果正如他所料，2 体积的一氧化碳与 1 体积的氧气化合成二氧化碳；2 体积的二氧化硫与 1 体积的氧气化合成三氧化硫；1 体积的氯化氢与 1 体积的氨气化合成氯化铵；3 体积的氢气与 1 体积的氮气化合成氨气。同时，他又计算了其他科学家的实验结果，通过分析、比较、归纳，盖-吕萨克提出了著名的气体反应的体积定律：在同温同压下，参加同一反应的各种气体，其体积成简单的整数比。若反应后的产物也是气体，其体积也保持着简单整数比；后人称之为盖-吕萨克定律。正是由于这个反应体积定律的发现，才产生了分子学说，同样，正是由于分子学说的产生，才逐渐建立了化学的理论体系。

如果注意到这个简单整数比，很容易使人联想到道尔顿的原子学说：不同元素的原子以简单整数比相结合。盖-吕萨克自然也感到很高兴，因为他是原子论的拥护者，他的实验结果正好对道尔顿的理论提供了强有力的支持。后来也得到了其他科学家的证实并应用于测量气体元素的原子量。但是事情并不如盖-吕萨克想象的那样，当道尔顿得知盖-吕萨克的这一假说后，立即公开表示拒绝和反对，而且指责盖-吕萨克的实验有些靠不住。那究竟是什么原因呢？

原来道尔顿的原子学说认为不同元素的原子大小不一样，其重量也不一样，因而相同体积的不同气体不可能含有相同的原子数目。如果盖-吕萨克的假说成立的话，那么 2 体积的氢气与 1 体积的氧气化合成水的实验事实又作何解释呢？不得不理解为 1 个水的复杂原子是由 1 个氢原子和半个氧原子构成的。怎么可能有半个氧原子呢？原子是不可以分割的，这可是原子学说的立足点啊，而盖-吕萨克的假说与之完全相悖了。道尔顿当然不会认可盖-吕萨克的假说，否则原子学说必将处于窘境，甚至导致原子学说的破灭。事实上，凡是 1 体积的气体发生反应生成 1 个体积以上的气态产物时，总会碰到同样的矛盾。

但在盖-吕萨克看来，自己的实验是精确的，绝对不能接受道尔顿的指责，于是双方展开了一场旷日持久的学术争论。关注这场争论的科学家很多，由于没有可靠的实验数据或理论依据，况且他们都是当时欧洲颇有名气的化学家，所以都没敢轻易表态。

2. 四两拨千斤

这时在意大利都灵韦尔切利学院，自然哲学教授阿伏加德罗也对这场争论产生了浓厚的兴趣。他仔细地考察了盖-吕萨克的气体实验和道尔顿的理论，发现了这场矛盾的焦点。阿伏加德罗进行了合理的推论，提出了分子（当时阿伏加德罗称之为复合原子）的概念，用来替代道尔顿所说的复杂原子。他认为这种复合原子不只局限于化合物，也同样适用于单质。分子由多个原子组成，单质分子由同种元素的若干个原子组成，化合物分子由不同元素的若干个原子组成。同时他修正了盖-吕萨克的假说，即叙述为："在同温同压下，相同体积的不同气体，具有相同数目的分子。"

虽然只是把"原子"换成了"分子"，却妙至毫巅。这样既不违背道尔顿的原子学说，又恰好将道尔顿的原子论和气体反应体积定律统一起来，使得原子转变为分子，分子被分割成原子。例如，对于2体积的氢气与1体积的氧气化合成水的反应，若把1个氢分子和1个氧分子都看作是由2个原子组成的，那么该反应就可以理解为：2个氢分子和1个氧分子反应生成2个水分子，这样1个水分子就含有2个氢原子和1个氧原子了。只要假定1个分子由2个原子构成，盖-吕萨克的假说与道尔顿的原子论就不再存在任何矛盾了。在阿伏加德罗定律被认可后的一段时间内，人们普遍认为一个单质分子都是由两个原子构成的，后来才知道这是一种误解。

1811年，阿伏加德罗在法国《物理杂志》上发表了一篇论文，题为《原子相对质量的测定方法及原子进入化合物时数目之比的测定》。文中他首先声明自己的观点来源于盖-吕萨克的气体实验事实，明确提出了分子的概念，并对实验进行了合理的假设和推理。文章指出，原子是参加化学反应的最小质点，分子则是游离态单质或化合物能独立存在的最小质点。单质的分子由相同元素的原子组成，化合物的分子则由不同元素的原子组成。在化学变化中，不同物质的分子中的各种原子进行重新结合。文章指出，"必须承认，气态物质的体积和组成气态物质的简单分子或复合分子的数目之间也存在着非常简单的关系。把它们联系起来的一个、甚至是唯一容许的假设，是相同体积中所有气体的分子数目相等”。阿伏加德罗的这一分子假说，后来被称为阿伏加德罗定律。其主要内容如下：

(1) 元素的最小单元是原子，但气体的最小单元并非原子，而是由几个原子组成的分子。也就是说，气体由分子组成，而分子由原子构成。例如，氧气、氢气都是由双原子分子组成的。

气态化合物则是由分子组成，而化合物的分子是由不同原子构成的。例如，氨气由氨分子组成，而氨分子由 3 个氢原子和 1 个氮原子构成。

(2) 在同温同压下，同体积的任何气体含有相同数目的分子。

阿伏加德罗定律关于分子论的第一篇论文没有引起任何反响，但是阿伏加德罗充分意识到自己提出的分子假说在化学发展中的重要意义，于 1814 年和 1821 年又发表了两篇阐述分子假说的论文。他在论文中强调：“我是第一个注意到盖-吕萨克气体实验定律可以用来测定分子量的人，而且也是第一个注意到它对道尔顿的原子论具有意义的人。沿着这个途径我得出了气体结构假说，它在相当大的程度上简化了盖-吕萨克定律的应用。”在文章的最后，阿伏加德罗感慨地写道：“在物理学家和化学家深入地研究原子论和分子假说之后，正如我所预言，它将要成为整个化学的基础和使化学这门科学日益完善的源泉。”尽管阿伏加德罗做了最大的努力，但是仍然遭到当时的化学权威道尔顿、贝采里乌斯等人的反驳，他们认为原子是不可能结合的，所以阿伏加德罗的论文最终没有被大多数化学家所认可和采纳。况且阿伏加德罗是一位非常谦逊的学者，从不计较名誉和地位。另外，阅读了他的论文后，还是分辨不清楚原子和分子的区别。尤其他的学说不仅给气体，对于液体和固体也给出相同的解释，更让人费解。自此，阿伏加德罗的分子假说被冷落达半个世纪之久。

道尔顿的原子论发表后，测定各元素的原子量成为化学家最热门的课题。其实，根据阿伏加德罗定律，相同体积的气态物质中，气体所含的分子数目都相同，则相同体积的两种气体的质量之比等于两种气体的分子量之比或等于两种气体的密度之比，这样，只要测出任一气体与氢气的相对密度就能测定出该气体分子的分子量了。同时也可以由化合反应中各种单质气体的体积之比来确定原子量。例如，1 克氢和 8 克氧化合成水，按照道尔顿原子论的观点，假定氢的原子量为 1，那么氧的原子量就应该是 8。而根据阿伏加德罗分子学说的观点，1 个氢分子和 1 个氧分子都由 2 个原子组成的话，那么氧的原子量就应该等于 16。显然阿伏加德罗的方法是科学的，结论也是正确的。

由此看来，只要承认阿伏加德罗定律，那么化学界的争论就可以少一些，化学结构理论的历史进程也至少可以提前数十年。但是，历史往往具有讽刺意味，由于不承认分子是单质或化合物在游离状态下独立存在的最小质点，不承认分子是由原子组成的这一正确假说，不接受阿伏加德罗采用例如蒸气密度法等物理方法来测定原子量，在 1860 年以前的近半个世纪里，原子量的测定和数据呈现一片混乱状态，难以统一，导致部分化学家怀疑原子量到底能否测定，甚至原子论能否成立。在这段时期里，每个化学家都有一套自己认可的元素符号和化学式的写法。例如用 HO 表示水，也有用 H_2O_2表示水；有的人用 CH_2表示甲烷，又有人用 CH_2来表示乙烯，以至于在著名化学家凯库勒编写的教科书中，醋酸的化学式竟达 19 个之多；在科学家的论文中，当量有时等同于原子量，有时等同于复合原子量（即分子量），有些化学家干脆认为它们是同义词，从而进一步扩大了化学式、化学分析中的混乱。

无论是无机化学界还是有机化学界，都无法继续容忍了。为了尽快结束这一混乱局面，统一对元素符号、原子量、化合价、化学式的认识，由凯库勒等化学家发起召开了一次国际化学大会。会议于 1860 年 9 月 3 日至 5 日在德国的卡尔斯鲁厄举行，来自各国的 140 位化学家出席了会议。大会上争论很激烈，但仍然没有达成共识，只得不了了之。

3. 确立分子学说

是金子总会发光，是真理总有拨云见日的时候。就在会议行将结束的时候，意大利化学家帕维塞散发了好友康尼查罗（Stanislao

Cannizzaro，1826—1910）写的《化学哲学教程提要》的单行本。在小册子中，康尼查罗反思了混乱局面的症结所在，重新提出阿伏加德罗的理论。在文章的一开始就写道："我相信，近年来科学的进步已经证实了阿伏加德罗、安培和杜马关于气态物质具有相似结构的假说，即相同体积的气体，无论是单质还是化合物，都含有相同数目的分子，而不含有相同数目的原子，因为不同物质的分子以及在不同状态下的相同物质的分子可能含有不同数目的原子，其性质可能相同，也可能不同。"在文章中探讨了化学家所关心的几个问题：

（1）强调指出阿伏加德罗的分子假说是盖-吕萨克气体化合定律的自然结论，从而说明了分子假说是有根据的。

（2）提出一些化学家不接受阿伏加德罗分子假说的一个重要原因是过分信赖贝采里乌斯的电化二元论。有机化学中的卤素取代氢的实验事实恰好证明电化二元论是不全面的。

（3）说明了怎样根据分子假说，运用蒸气密度法来求分子量。同时他运用气体密度法测定了氢、氧、硫、氯、砷、汞、溴等单质和水、氯化氢、醋酸等化合物的分子量。

（4）在测定分子量的基础上，结合分析化学的资料，进而提出一个确定原子量的合理方法。论证了阿伏加德罗假说与杜隆—珀蒂定律的关系。

（5）指出当量与原子量不同，它是原子参加化学反应的数量单位，当量和原子价的乘积就是原子量。

（6）根据大量的实验资料证明，无论在无机化学还是在有机化学中，原子量只有一套。化学定律对无机化学、有机化学同样适用。

（7）确定了书写化学式的原则。

康尼查罗的文章论据充分、方法严谨、条理清晰，很具有说服力，很快统一了大家混乱不堪的认识，并且使得大多数化学家相信阿伏加德罗的分子学说是扭转混乱局面的金钥匙，为原子—分子论的确定扫除了障碍，直接导致化学元素周期律的发现和化学结构理论的建立，推动了化学的发展。

05 化学史上永恒的事业

——关于测定相对原子质量

◇……………

一滴水的质量大约是 5×10^{-5} 千克，一滴水中大约有 1.67×10^{21} 个水分子，那么一个水分子的质量大约为 3×10^{-26} 千克。这说明水分子的质量和体积都很小，倘若计算其他更为复杂的分子的质量时那就更麻烦了。因此国际上规定采用相对原子质量和相对分子质量来表示原子、分子的质量关系。

1. 原子学说的副产品

原子量最早是由英国化学家道尔顿提出来的，他在提出原子学说的同时，就已经开始测定原子量了。道尔顿认为不同的原子体积不相同，其质量也应该不相同。由于当时还无法测定原子的质量，因此实际获得的数据都是原子的相对质量，道尔顿称之为原子量，有了原子量就使得定量实验和化学计算有了理论根据。因此有人说，定量化学时期是从道尔顿而不是从拉瓦锡开始的。

原子量是研究所有化学变化中数量关系的最重要的一环，应当尽可能达到精确的程度。如果数值不准确的话，原子学说的价值就不能完全体现。正如我国著名化学家傅鹰先生（1902—1979）所说："没有可靠的原子量，就不可能有可靠的分子式，就不可能了解化学反应的意义，就不可能有门捷列夫的周期表。没有周期表，则现代化学的发展特别是无机化学的发展是不可想象的。”

原子量本来就是一个相对的数量，所以首先要确定一个相对标准，即选出一个适当的元素以其原子质量作为参照基准，然后通过比较求出其他元素的原子量。其次要明确单质和化合物分子中元素原子的数目。但在当时的实验条件下，要确定各种元素的原子量谈何容易。所以原子量的测定工作从一开始就遇到了巨大的困难。

傅鹰

2. 艰难的工作

最初道尔顿选定原子量测定的参照标准时，考虑到氢气最轻，可以将其原子量确定为1。而包括贝采里乌斯在内的一些科学家主张选择氧作为参照标准，因为自从拉瓦锡提出氧化学说以来，氧已经成为化学界中特别重要的元素了。贝采里乌斯认为与氢直接化合的元素不多，若以氢为标准，在许多情况下都需要间接测定，极为不便。而氧却能够与绝大多数元素直接化合，因此最后选择了氧元素作为标准，确定氧的原子量为16。这一基准在化学上一直沿用了100年左右。直到1959年，根据德国物理学家马托赫（Josef Mattauch，1895—1976）的建议，于1961年8月才正式采用一个^{12}C原子质量的1/12作为原子量基准。

确定了原子量基准后，要测定其他元素的原子量，还必须知道化合物的组成。受到定量实验手段的局限，道尔顿最初只能采用主观武断的假设方法来确定不同元素的原子化合形成化合物时的原子数目比，他认为凡是两种元素只能形成一种化合物，则化合物内两种元素的原子个数比为1∶1；若能形成两种化合物，则在这两种化合物内，原子个数比分别为1∶1和1∶2。由于缺少实验依据，设定的化合物组成是错误的，所以导致了道尔顿获得的原子量数据绝大多数不准确，现在看来其相当于是当量值，与现代精确的原子量数值相比有很大的误差。

由于原子量的测定值一再出现矛盾和反复，导致在定量实验和化学计算中就不能得到符合实际的正确结论，以至于道尔顿的原子论受到不少科学家的质疑。但是，毕竟原子学说对化学界的影响是巨大的，那些具有远见卓识的化学家纷纷加入到原子量测定工作的队伍中。按照贝采里乌斯的说法："只要这项工作不能圆满地完成，就有如白昼的光明已经来临，而朝阳却尚未升起一般。所以这是一件当务之急的工作。我们应当敢于去承担。"

3. 渐露曙光

正当原子量的测定工作举步维艰的时候，法国化学家盖-吕萨克发现了气体化合的体积定律：参加同一反应的各种气体，在同温同压下，其体积成简单的整数比，即盖-吕萨克定律。于是，有些化学家就把倍比定律与盖-吕萨克定律结合起来研究原子量，其中工作最为突出的是瑞典化学家贝采里乌斯（Jons Jakob Berzelius，1779—1848）。他对道尔顿缺少实验依据的假设（水的组成为 HO）曾表示怀疑，他认为 2 体积的氢气与 1 体积的氧气化合成水的事实毋庸置疑，若根据盖-吕萨克定律作为确定化合物 A_mB_n 中 m 和 n 的依据，水的组成应该是 H_2O，而不是 HO。这样测得的氢与氧的原子量之比不是道尔顿测定的 1:8，而是 1:16。同时鉴于氧化物的广泛存在，贝采里乌斯决定把氧的原子量作为基准，并规定它的数值为 100，这样得到的氢原子量就是 6.64。这是原子量测定工作的重大突破，贝采里乌斯所测定的原子量普遍比道尔顿准确得多。

应用盖-吕萨克定律测定原子量并没有使贝采里乌斯感到满意，因为许多元素都不能变为气体，因此运用该方法进行测定的范围有限，况且原子量测定工作最困难的是确定化合物中各种元素的原子个数比。于是贝采里乌斯将由他创造的电化二元论用于化学式的确定，他认为一切化学亲和力较大的强碱都必定具有 RO_2 的化学式，如 BaO_2、CaO_2、MgO_2、NaO_2、AgO_2 等。但是这种假设导致了他所确定的一些氧化物的化学式出现了错误，因此他所计算出的 Ba、Ca、Mg 的原子量相当于现代值的二倍，而 Na、Ag 的原子量相当于现代值的四倍。由此可见，当时原子量的数值仍然处于一片混沌状态。

1819 年，法国化学家杜隆（Pierre Louis Dulong，1785—1838）和珀蒂（Alexis Therese Petit，1791—1820）提出杜隆—珀蒂原子热容定律：多数固体单质（尤其是金属）的比热与贝采里乌斯发表的原子量的乘积近似为一常数的整数倍。如果运用他们的理论，即便不清楚化合物中各种元素的原子个数比，也可以很容易地求出各种固体元素特别是金属元素的原子量。例如根据杜隆—珀蒂的实验数据，铜的比热是 0. 0949，氧的原子量设定为 16，就可以计算出铜的原子量等于 67。再根据铜的原子量应当是 63. 306 的若干倍数的实验结果，就可以知道铜的原子量不可能是 63. 306 的一半，也不可能是 63. 306 的两倍，它只能是 63. 306 了。据此可以确定，氧化铜是以 1 个氧原子和 1 个铜原子结合而成的化合物。

1819 年，贝采里乌斯的学生，德国化学家米希尔里希（Eilhard Mitscherlich，1794—1863）发现了同晶形定律：如果相同数目的原子以相同的格局结合，其结晶形状应相同。原子的化学性质对结晶形状不起决定作用，但结晶形状却为原子的数目和结合方式所支配。也就是说，当两种化合物的结晶类型相同时，它们通常具有类似的化学式。利用同晶定律可以推测化合物的组成，从而测定原子量。例如已知铬酸盐与硫酸盐具有同晶形，则这两种盐化学式相似，铬酸和硫酸化学式也相似，即分别为 CrO_3 和 SO_3（当时将酸酐称为酸）。由于氧化铬中与等量铬所结合的氧的质量仅为铬酸的一半，故氧化铬正确的化学组成应为 Cr_2O_3，故而铬的原子量应该是贝采里乌斯测定值的一半，修正了原先的错误。

贝采里乌斯博采众长，采纳了原子热容定律和同晶形定律，纠正了长期弄错的金属的原子量。经过认真的核实和修订，贝采里乌斯于 1814 ~ 1826 年的 12 年间连续发表了三张原子量表，所列的元素多达 49 种，为化学的发展建立了不朽的功勋。贝采里乌斯测定的原子量有一部分已经接近现代原子量数值，这在当时的实验条件下是极其难能可贵的，它也为后来门捷列夫发现元素周期律开辟了道路。意大利化学家康尼查罗曾高度评价：“贝采里乌斯从 1807 年开始的和从 1809 年以更大力量继续进行的勤奋而恒久的研究，对于原子论的进一步发展和把它应用于化学的各部门来说，做得正当其时。在这方面，这位瑞典化学家比他所有同时代的人做得都多。”

当然，贝采里乌斯测定的原子量还有一些不足之处，由于没有理解和接受阿伏加德罗的分子理论，对于原子和分子的区别还不够明确，原子量的测定工作中化学式的表示方法依旧混乱，致使很多元素的原子量仍然存在较大的误差，难以消除。即便是今天，科学家拥有了更多的实验手段、更先进的实验仪器，原子量的数值还是要不断进行修正。由此可见，测定原子量的工作是何等艰巨啊！

1826 年，法国化学家杜马（Jean - Baptiste André Dumas，1800—1884）发明了简便的蒸气密度测定法，他曾试图利用这一方法通过测定分子量来计算原子量。按理说，他的设想是可行的，只要把分子与原子区别开来，再根据阿伏加德罗定律的推论：单质气体的密度之比等于分子量之比，就可以准确达到测量目标。但是杜马却固执地认为化合物的分子含有不同数目的原子，而各种单质的分子都与氢气一样是双原子分子。于是杜马得到的还是错误的测定依据，他认为单质气体的密度之比，不仅等于分子量之比，也可以等于它们的原子量之比。据此，他把砷、汞、磷、硫的蒸气分子都当做双原子分子，结果根据这些分子的蒸气密度测出的原子量数值都有错误，最后不得不宣布用蒸气密度法测定原子量不可靠。

4. 日渐完善

康尼查罗

意大利化学家康尼查罗在研究了其他科学家的原子量的测定方法后，采用了蒸气密度法进行测定。不过，康尼查罗已经充分认识到分子学说的价值，了解了原子和分子的区别，他认为分子假说不仅可以用来测定分子量，还可以用来测定原子量。康尼查罗提出了测定原子量的合理方案：“因为一个分子中所含各种原子的数目必然都是整数，因此，在重量等于分子量值的某物质中，某元素的重量一定是其原子量的整数倍。如果我们考查一系列含某一元素的化合物，其中必有一种或几种化合物中只含有一个原子的这种元素，那么，在一系列该元素的重量值中，那个最小值，即为该元素的大约原子量。”假如要测定氮的原子量，第一步，将许多可蒸发的氮的化合物用蒸气密度法测定其分子量；第二步，测定这些含氮化合物中氮的百分含量；第三步，求出各种含氮化合物一个分子中氮的质量，其中的最小值即为氮的原子量（具体数值见下表）。

含氮化合物	分子量值	氮的百分含量	1 个分子中氮的重量
氨	17.05	82.28%	14.03
二氧化氮	45.66	30.49%	13.92
一氧化二氮	44.13	65.70%	28.99
一氧化氮	30.00	46.74%	14.02

从以上数据中不难看出，最小值约为14，那么氮的原子量即为14。用这种方法测定原子量，即使不知道化合物中元素原子的个数比，得到的原子量依然比较可靠。

1860 年，在德国卡尔斯鲁厄的国际化学家会议即将结束的时候，康尼查罗把自己测定原子量的方法编写成小册子散发给与会者。康尼查罗这种建立在阿伏加德罗分子学说基础上的研究方法，不仅观点明确，条理清晰，消除了过去的许多疑问和争论，统一了分歧意见，而且使得原子—分子论成为一个协调的系统，极大地推动了原子量的测定工作，原子量的精确度也大为提高。很快，许多化学家接受了阿伏加德罗的分子学说。德国著名化学家迈耶尔（Julius Lothar Meyer，1830—1895）就是其中的一名受益者。他系统总结了当时的化学理论，于 1864 年出版了著名的《近代化学理论》一书。书中宣扬了科学原子—分子论，还高度评价了康尼查罗测定原子量的方案，他指出：“这篇篇幅不大的论文对于大家争论中最重要的各点照耀得如此清楚，使我感到惊奇。代表大会的许多成员也会有同样的感受。于是辩论的热潮消退了，昔日贝采里乌斯的原子量又流行起来。阿伏加德罗定律和杜隆—珀蒂的原子热容定律之间表面上的矛盾一经康尼查罗解释清楚之后，两者都能普遍应用；奠定元素化学基本量的原子量就被建立在坚固的基础之上，没有这个基础，原子结合的理论绝不可能发展起来。”许多人正是通过这本名著，认识了阿伏加德罗的分子学说。

康尼查罗使原子量的测定工作走上了正确的轨道，但是原子量测量值的精确度还远远不够。化学要真正成为一门科学，定量工作的精准度至关重要，而这项工作做起来却相当不简单。首先，作为测量样本的化学试剂的纯度越高，实验数据才越准确。其次，实验环境越干净、实验分析设备越精密，实验数据才越可靠。另外，还需要实验者具有高超的实验操作技能，才能减小实验过程中的偶然误差，从而进一步提高测量数值的精确程度。

比利时的化学家斯塔（Jean-Servais Stas，1813—1891）是最早进行原子量精确测定工作的化学家，也是其中最为出色的一个。他应用各种物质提纯的方法制备出高纯度的备测物质，使用经过多次蒸馏的蒸馏水，又将天平的灵敏度提高到 0.03 毫克。精益求精的工作确保了元素的原子量测定数值的准确性，斯塔将精度提高到小数点后 4 位数字，远远超过了其他化学家，他所测定的原子量值与现在的数值相当接近。化学家普遍认为斯塔所测定的原子量值是最准确的，以至于在此之后的几十年中，几乎没有化学家怀疑过这些原子量值，更没有人试图用新的实验方法去检验它。以氧的原子量等于 16 作为原子量的测定基准，也是由斯塔于 1860 年提出的，这一基准在化学上一直沿用了 100 年。

第一个敢于对斯塔的原子量系统进行验证和修订的化学家是美国人理查兹（Theodore William Richards，1868—1928）。理查兹改进了重量法测定原子量的技术，他设计出一种装置，可以用它变换所称量的样品而又避免样品与潮湿的空气接触。他还研制出散射浊度计，用这种仪器可以测量或比较悬浮体的散射光，由此计算出试样溶液的沉淀量。在研究过程中，理查兹发现斯塔使用的银中含有极少量的氧，还忽略了沉淀物的溶解性，所以断定斯塔所测定的原子量数值并不十分精确。1904 年，理查兹和他的学生改进了实验方案，获得了更高纯度的银。通过反复测定，修正了斯塔的原子量数值，将银的原子量由 107.93 修正为 107.88，这个数值与现在的银原子量更为接近。经过多年努力，理查兹和他的学生修正了 30 多种元素的原子量。由于理查兹在原子量精确测定方面的出色工作，使他荣获了 1914 年的诺贝尔化学奖，他也是获得这项荣誉的第一位美国化学家。

1929 年，美国化学家乔克（William Francis Giauque，1895—1982）等科学家发现了天然氧有 ^{16}O、^{17}O、^{18}O 三种同位素，使得以天然氧元素作为测定原子量的基准发生了动摇。物理学界随即采用天然氧中丰度最大的 ^{16}O 的原子量作为原子量的基准，当用 ^{16}O 的原子量 16 作为基准时，氧元素的各种同位素的原子量分别为：^{16}O 是 16.0000，^{17}O 是 17.0045，^{18}O 是 18.0049，通过计算，得到自然界中氧元素的平均原子量为 16.0044。由于化学界仍然采用天然氧为 16 作为原子量的基准，在两个不同标准下，导致各种元素的化学原子量数值均比物理原子量数值大约减小了 3/10000。1940 年，国际原子量及同位素丰度委员会确定以 1.000275 作为两个标准的换算因子，暂时解决了矛盾。不过，两种标准还是时常在使用上引起混乱。

乔克

1959 年，德国物理学家马托赫建议改用 ^{12}C 的原子量为 12 作为原子量基准，主要原因是 ^{12}C 在自然界中的丰度比较稳定，碳的化合物特别是有机化合物种类特别多，有利于采用最现代、最准确的质谱仪测定原子量。采用新的基准后，所有元素的原子量变动都不大，仅比过去减小了 43/1000000，但却使原子量的数据更为精准了。这项提议经化学原子量与应用化学联合会（IUPAC）和国际纯粹与应用物理联合会（IUPAP）的同意，于 1961 年 8 月正式改用 ^{12}C 的原子量为 12 作为原子量的基准，并于同年发布了新的原子量表。

到目前为止，用质谱法测定原子量比用化学方法测定的结果精度更高，所以现代原子量几乎都是由质谱法测定的。由于用质谱测定原子量时，必须同时测定同位素丰度，而有些元素同位素的组成因来源不同而时有变化，导致实际测得的原子量并非一成不变。因此，现在国际原子量委员会每两年会公布一次修订的原子量表。

我国著名化学家、中科院院士、北京大学张青莲教授于1983年当选为国际纯粹与应用化学联合会、原子量与同位素丰度委员会委员。1991年，张青莲教授用同位素质谱法测得铟元素的精确原子量为114.818±0.003，为国际原子量表增加了一个新数字，这也是国际上第一次采用中国测定的原子量数据作为标准数据。张青莲教授还主持测定了铟、铱、锑、铕、铈、锗、锌、镝等元素的原子量，均被国际原子量委员会采用为新的国际标准。

06 牧师化学家的杰出功绩

——气体化学之父

◇

普利斯特里

约瑟夫·普利斯特里是与卡文迪许同时代的人物，他的主要贡献在于研究了重要的气体，被人们尊称为“气体之父”，也是世界各国化学家至今都很崇敬的化学家。在美国，他住过的房子已改建成纪念馆，是科学家非常敬仰的名胜古迹。为了纪念这位伟大的化学家，在美国，经汉弗来·戴维提议创立了“普利斯特里奖”，通过演讲评选，将“普利斯特里奖”授予在化学上做出杰出贡献的研究者，至今已有 90 年的历史。1944 年以前，该奖项每三年评选一次，其后每年评选一次。“普利斯特里奖”是美国化学学会颁发的最高奖项，已成为美国化学界的最高荣誉。

在英国的伯明翰城广场矗立着普利斯特里的铜像，这座铜像于 1874 年 8 月 1 日举行了揭幕典礼，当时成千上万的人聚集在这里，以表达对普利斯特里的敬仰之情。美国化学学会也选定在这一天正式成立。这一天也正是发现氧气 100 周年的日子。

1. 漂泊不定的童年

英格兰约克郡利兹市郊区的一个名叫菲尔德海德的农庄里诞生了一名婴儿，父母为他取名为约瑟夫·普利斯特里，时间是1733年3月13日。

普利斯特里是家中的长子，家境贫寒，他的父亲经营着小农庄，兼营毛织品的加工和裁缝，但收入微薄，难以维持一家人的生活。母亲又体弱多病，所以他大部分的童年时光是同外公、外婆一起度过的。

7岁那年，母亲去世，普利斯特里变得更加孤独、可怜，他的姑妈征得他父亲的同意后，把他接到家里居住。姑妈身边没有子女，对普利斯特里格外疼爱。姑妈家里有一个大农庄，经济状况很好，普利斯特里不用干活，唯一的任务就是学习，姑妈也对他的未来寄予厚望。

几年以后，他的姑父突然病逝，姑妈顿时失去了经济来源，成了靠遗产过活的寡妇。为了减轻经济负担，他的姑妈把普利斯特里送进了教会学校，但仍然不能缓解经济困难。普利斯特里的姑父有一位很要好的朋友——布莱克先生，他是一家啤酒厂的职员，家里生活比较富裕，为了帮助已故好友的遗孀，他把普利斯特里接到家中生活并提供上学需要的所有费用。

2. 坎坷的学习经历

普利斯特里性格内向，但兴趣广泛，思维活跃，善于独立思考。这可能是他自幼缺少母爱，在漂泊不定、寄居他人的生活中养成的性格特点。18岁那年，由于经常与基督教的牧师来往，他遭到了姑妈的严厉斥责，从此，他成了家庭的叛逆者。

普利斯特里的求学生涯也不平静。他曾学过古文、数学、自然哲学导论等，但由于身体原因，中断了学习。待康复后，他申请进入非国教的高等专科学校，并提出免修部分课程的请求。学校对他进行了非常严格的考核后，同意他免修一、二年级的课程。但他“缺胳膊少腿”的知识结构影响了后来的学习，尤其是数学与德语基础太差，于是主动要求学校允许他补学了这两门课。

在学校里，他凭借自己的优势，刻苦努力，不仅学会了希伯来文、希腊文和拉丁文，在神学方面也具备了广博的知识。他喜欢辩论，常常同那些信仰传统宗教的人们进行辩论，而且总是占上风。这为他后来做教师、做牧师奠定了良好的基础。

毕业以后，他应聘在沃灵顿的非国教高等专科学校做教师，他讲授过很多课程，有语言学、文学、现代史、法律、口才学及辩论学等，甚至教过解剖学。他还编写出版过《基础英语语法》和《语言学原理》，也写过《口才学和辩论学讲义》，深得学校和学术界的关注。

随着年龄的增长、生活的变更，他的兴趣逐渐转变到物理、化学方面。1762 年，29 岁的普利斯特里与当时英格兰最大的铁器制造商的女儿结婚，随后他们的儿女相继诞生，家庭经济负担日益加重，使得普利斯特里不得不放弃教师职业，开始了他大半生的牧师生活。但意料之外的是，经济状况并没有因此而改变，然而他却获得了更多的空闲时间，能够自由地从事他的科学研究，他的科学生涯也就此拉开了帷幕。就在这个时期，他完成了《电学史》的写作并出版，这本书的出版使他顺利当选为英国皇家学会的会员。

3. 老鼠实验的启发

17 世纪中叶以前，虽然人们对空气有了一定的认识，但多数研究者认为空气中只有一种气体，而且是唯一的气体元素。然而普利斯特里却发现一个奇怪的实验现象：在封闭的容器中放进一只小老鼠，几天后老鼠死去了。他很纳闷：容器中本来是有空气的，小老鼠为什么不能长期活下去？他百思不得其解，突然眼前一闪：学生时代他参观啤酒厂时，在发酵车间的盛啤酒的大桶里，曾发现有一种能使燃着的木条立刻熄灭的“空气”。因此，他怀疑是不是存在着好多种“空气”。为了弄清这些问题，普利斯特里点燃一支蜡烛，把它放到预先放过小老鼠的封闭的容器中，然后盖紧盖子。他发现：蜡烛燃了一阵之后就熄灭了。小老鼠死去和蜡烛熄灭使他产生一种想法：“普通空气”中可能存在着一种东西，当它存在时老鼠可以存活，蜡烛可以燃烧；当它被污染时则不能供老鼠呼吸，也不能使蜡烛继续燃烧。为了证明这一想法是否正确，他设想：把受污染的空气加以净化，观察能否恢复为正常的“空气”。他便用水洗涤受污染的空气，其结果使他大为惊异：老鼠照样要死去。

普利斯特里的老鼠实验

受老鼠实验的启发，普利斯特里想：动物在受污染的空气中会死去，那么植物又会怎样呢？他决定继续研究下去。他把一盆花放在玻璃罩内，花盆旁边放了一支燃烧着的蜡烛来制取受污染的空气。当蜡烛熄灭几小时后，植物却看不出什么变化。他又把这套装置放到靠近窗子的桌子上，次日早晨发现，花不仅没死，而且长出了花蕾。他急忙重新点燃一支蜡烛，迅速放入罩内，结果蜡烛正常燃烧着，过了一段时间才熄灭。由此他想到：植物能够净化空气。

4. 对气体的深度思考

普利斯特里认为：在啤酒发酵、蜡烛燃烧以及动物呼吸时产生的气体，有可能就是早先人们所说的“固定空气”（即现在的二氧化碳），而可供动物活命、可供蜡烛燃烧的气体就是“活命空气”（即现在的氧气）；当“活命空气”被污染后动物将死亡、蜡烛将熄灭；而植物可以释放出“活命空气”。

普利斯特里决定制取这种“活命空气”。根据当时已知的硝石也能助燃的事实，他设想：或许把硝石分解可以产生“活命空气”；或者把蘸有稀硝酸的铜丝加热，也可以放出“活命空气”。于是，他取了一根一端封闭的玻璃管，装入水银，用手指堵住管口，把开口的一端置入盛有水银的槽中，再把装有硝酸和铜屑的另一根管子

NO_2 的生成（从颜色看，可能是 Cu 和浓 HNO_3 反应）

与装有水银的管子连接在一起，然后开始加热，结果产生的无色气体把水银排出管外。普利斯特里不知道是什么气体，他想知道这种气体的气味，他小心地打开管口，结果被眼前出现的现象惊呆了：无色气体转眼间变成了红棕色的蒸气，伴随着强烈的硝酸的气味。无比兴奋的普利斯特里称之为“硝石空气”。

这次实验虽然没有制得“活命空气”，但发现了两种新气体：一氧化氮和二氧化氮，而且知道这种无色的一氧化氮在空气中可以变成棕红色的二氧化氮。普利斯特里顺势继续试验，又发现了许多新气体。普利斯特里给它们定名为“碱空气”（氨）、“盐酸空气”（氯化氢）以及二氧化硫等。此后多年，普利斯特里一直在研究气体，并写成了《各种空气的观察》一书，大大丰富了气体化学。

红棕色的二氧化氮

普利斯特里在气体化学上的研究成就，提高了他的学术威望，他被人们尊称为“气体化学之父”。1772 年，他当选为法兰西科学院的名誉院士。同年 12 月，他被当时英国的一位政治显贵谢尔本勋爵请去做家庭教师及图书管理员，这项工作有较高薪金，而且每天只占用上午时间，他便利用下午的时间从事他的研究。在这里，他完成了许多著作，他的 6 个最有价值的气体实验，有 5 个是在这里完成的。普利斯特里是燃素学说的信奉者，也是在这里，他写过有关论证燃素学说的文章。

5. 气体化学之父的悲剧

普利斯特里曾经获得了朋友赠送的一个直径为 0. 305 米的放大镜，在太阳光下放大镜可以聚光而产生高温。他意识到，可以用放大镜来研究物质分解时所产生的气体。

普利斯特里的放大镜分解实验选定了“汞灰”（亦称水银烧

渣，即现在的氧化汞)：他把“汞灰”放置在玻璃钟罩内的水银面上，用放大镜将阳光聚集在氧化汞上。氧化汞很快被分解掉，并且放出一种气体，该气体将玻璃罩内的水银排挤出来。他用排水集气法把这种气体收集起来，然后把蜡烛放到这种气体中，发现蜡烛燃烧，且火焰非常明亮；把老鼠放在这种气体中，发现老鼠正常生活，且比在等体积的普通空气中活的时间长了约 4 倍；他还亲自尝试了一下，感觉这种气体使人呼吸轻快、舒畅。其实这就是氧气。不过，当时普利斯特里深受“燃素学说”的错误影响，没有认识到这就是氧气，而是给它取名叫“脱燃素空气”。

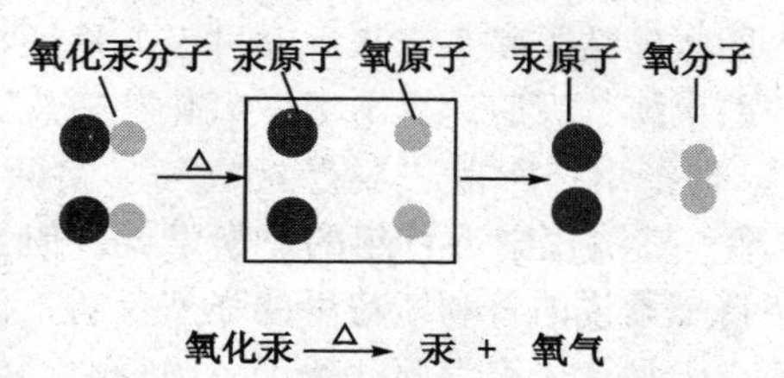

氧化汞 $\xrightarrow{\triangle}$ 汞 + 氧气

他在实验记录中这样写道:“我把老鼠放在‘脱燃素空气’里，发现它们过得非常舒服后，我自己受了好奇心的驱使，又亲自加以实验，我想读者是不会觉得惊异的。我自己实验时，是用玻璃吸管从放满这种气体的大瓶里吸取的。当时我的肺部所得的感觉，和平时吸入普通空气一样，但自从吸过这种气体以后，经过好长时间，身心一直觉得十分轻快舒畅。有谁能说这种气体将来不会变成通用品呢?不过现在只有两只老鼠和我，才有享受呼吸这种气体的权利罢了。”

其实早在 1771 年，普利斯特里加热硝石时，就已经制得了氧气。但由于普里斯特里始终坚信燃素学说，甚至在拉瓦锡用他发现的氧气做实验，并推翻了燃素学说之后，依然故我。他当时把得到的气体叫做“活命空气”，而混同于一般空气，所以未能发现氧气。

普利斯特里认为：空气是单一的气体，助燃能力之所以不同，是因为其中含燃素量的不同。从“汞灰”中分解出来的是新鲜的、不含一点燃素的空气，所以吸收燃素的能力和助燃能力都特别强，所以他称之为“脱燃素空气”。普通空气经过动物呼吸、蜡烛燃烧后已经吸收了不少燃素，所以助燃能力减弱；当空气被燃素饱和后就不再助燃，变成“被燃素饱和了的空气”。

6. 与拉瓦锡的争论

普利斯特里的研究工作一直是在谢尔本勋爵的支持下完成的，谢尔本的政治生涯非常顺利，后来成为英国首相。当时为了结识更多的科学家，谢尔本带着普利斯特里访问了欧洲大陆。在巴黎，普利斯特里拜访了法国化学家拉瓦锡，他向拉瓦锡介绍并演示了从“汞灰”中制取气体的实验。

拉瓦锡对此很感兴趣，认真重复了他的实验，又把普利斯特里的实验与他本人的实验结果联系起来。经过多方论证，拉瓦锡终于摆脱了传统思想的束缚，大胆地提出了“氧化”概念，形成了燃烧的“氧化理论”。他指出：所谓“脱燃素空气”实际上就是氧气。“氧化理论”推翻了统治化学近百年的燃素学说。但是，拉瓦锡的新观点遭到了坚持燃素说的普利斯特里的强烈反对，他拒绝接受拉瓦锡的任何解释。于是，二人由此开始了一场争论。

在争论中，普利斯特里所使用的理论始终是燃素说，丝毫不愿放弃。他认为只有实验才是最重要的，所以总是避开理论上的思考，埋头实验，陷入了狭隘的经验论，这影响了他的发展。而拉瓦锡则不然，他在重视实验的基础上也很重视理论的思考，这是他能够在科学发展的历史长河中实现第一次化学革命的关键所在。

在法国大革命时期，正直的普利斯特里同情法国大革命，曾在英国公开做了几次演讲，惹怒了英国一批反对法国大革命的人，这些人烧毁了他的住宅和实验室，弄丢了他有价值的论文，并把他全家驱逐出伦敦，他只好坐船来到美国。然而在美国，他却作为尊贵的朋友和著名人士受到热情款待，受到美国总统乔治·华盛顿和物理学家富兰克林的接见，并为他在宾夕法尼亚州的诺森伯兰建立了实验室，以供他继续进行化学实验研究。

纵观普利斯特里的一生，他 37 岁起研究气体化学，他曾分离并论述过大批气体，数目之多超过了同时代的任何人，可以说是 18 世纪下半叶的一位业余化学大师。他对气体化学的研究成果，源于强烈的求知欲与非凡的勤奋态度，也得益于其精湛的实验技能。

07 一段悲壮的历史

——亨利·莫瓦桑和氟气的制备

氟（F）是卤族中的一种元素，是最活泼的非金属元素。通常状况下氟气（F_2）是一种浅黄绿色的气体，腐蚀性很强，有毒，是已知的最强的氧化剂之一，甚至能与某些稀有气体发生反应。

在化学元素发现史上，持续时间最长、参与人数最多、危险性最高、工作难度最大的研究项目，莫过于单质氟的制取了。从正式确认含氟化合物氢氟酸（HF）到制备出单质氟，前后一共经历了118年的时间。由于单质氟的化学性质极其活泼，制取和收集所用的仪器要特别耐腐蚀。而且氟的化合物具有很强的稳定性，普通方法很难获得氟的单质。特别是氟气和很多氟化物毒性都很强，许多化学家为制取单质氟而中毒，甚至有的化学家因此贡献了他们宝贵的生命。可以说，单质氟的制备是化学史上最为悲壮的一段历史。

1. 艰难的探索者

德国矿物学家阿格里科拉（Georgius Agricola，1494—1555）被誉为地质学与矿物学之父，1956年出版了他的著名遗作《冶金学》。书中介绍了萤石（CaF_2）这种矿物：萤石是低熔点矿物，在钢铁冶炼过程中加入一定量的萤石，不仅可以提高炉温，除去硫、磷等杂质，而且还能同炉渣形成共熔物，增强活动性、流动性，更容易分离矿渣和金属铁。

德国人斯瓦恩哈德是一名从事玻璃加工的工人。1670 年，他无意中将萤石与硫酸混合在一起，结果产生了一种具有刺激性气味的烟雾（即氟化氢）。他发现这种生成物能腐蚀玻璃，从而研究出一种不用金刚石或其他磨料也可以在玻璃上刻蚀图案的方法。利用这种方法，斯瓦恩哈德制成了许多玻璃艺术品，成为有名的玻璃雕刻艺术家。但是对于氟化氢和腐蚀玻璃的原理，他一无所知，也不感兴趣，这大概就是典型的实用主义吧。

1764 年，德国化学家马格拉夫（Andreas Sigismund Marggraf，1709—1782）将浓硫酸和萤石放在玻璃材质的曲颈甑中，结果得到了萤石酸（即氢氟酸）。1771 年，瑞典化学家舍勒（Carl Wilhelm Scheele，1742—1786）在玻璃曲颈甑里重复了这个实验，结果生成了一种令人窒息的气体，而且这种气体腐蚀了玻璃容器的内壁，使得玻璃失去了透明度。他又用浓磷酸代替硫酸与萤石作用，得到了完全相同的实验现象。通过进一步研究分析，舍勒认为在萤石酸中含有一种未知的新元素。当时法国化学家拉瓦锡创立了氧化学说，认为所有的酸中都含有氧元素，盐酸就是盐酸基和氧的化合物，盐酸基是一种化学元素（实际上是氯元素）。所以舍勒认为萤石酸与盐酸一样，也是由一个未知的酸基和氧元素形成的化合物。在此之后，其他化学家又陆续发现了一些氟化物，但是从没有人获得过氟元素的单质。因此，制取氟单质就成了化学界长期悬而未决的难题。

舍勒曾用浓盐酸与软锰矿（主要成分是 MnO_2）反应制得了一种黄绿色的气体（即氯气，Cl_2）。根据拉瓦锡对酸的定义，舍勒是这样认识氯气的：盐酸是盐酸基和氧元素形成的化合物，黄绿色的气体是盐酸被氧化而生成的，应该含有更多的氧，故称之为氧化盐酸，也就是说盐酸应该是一种氧化物。然而，化学家们想尽一切办法也没能从盐酸或氧化盐酸中发现氧元素。1810 年，英国化学家戴维（Humphry Davy，1778—1829）精心设计实验，通过研究他认为：反应中的确发生了氧化反应，但并不是盐酸结合了氧，而是盐酸失去了氢，所以氧化盐酸应该是一种单质，它只有一种元素。他将这种元素命名为“chlorine”（黄绿色的意思），中文名称为“氯”。戴维认为盐酸中应该含有氯元素和氢元素，可见酸中不一定都含有氧元素，氢元素才是一切酸中不可或缺的要素。

戴维这一突破性的见解给了法国物理学家、化学家安培（André-Marie Ampère，1775—1836）极大的启发，他详细地研究了萤石酸，结果发现得到的气体与盐酸气（即氯化氢）很相似，不仅水溶液与盐酸相似，组成也与盐酸相似。于是安培建议将这种元素命名为“fluorine”（流动的意思，因萤石曾作为金属冶炼时的助熔剂而得名），取其第一个字母“F”作为它的元素符号。萤石酸就是这种元素与氢元素形成的化合物，化学名称叫氢氟酸。

安培的观点反过来启发了戴维，既然氟与氯许多方面非常相似，何不用研究氯元素的方法来研究氟元素呢，当然研究的前提就是必须要获得单质氟（F_2）。1813 年，戴维利用与电解盐酸制取氯气相同的方法，试图通过电解氢氟酸制取单质氟。但是一开始实验就进行得不顺利，氢氟酸腐蚀了玻璃容器，换用银、金和铂做容器进行电解，仍然被氢氟酸腐蚀。戴维反复研究，发现改用萤石制成的容器进行电解，腐蚀就不再发生了，电解后在阳极生成了气体，分析这些气体，结果不是氟气，而是氧气。这就意味着氢氟酸并未发生电解，实际发生电解的物质是水，水的存在干扰了氢氟酸的电解。尽管戴维反复研究制取方法，却始终无法得到氟气，哪怕只有几毫升。由于当时还不了解氟化氢是有剧毒的气体，导致戴维严重中毒，被迫停止了研究工作。

1836 年，爱尔兰科学院院士乔治·诺克斯和托马斯·诺克斯两兄弟设计了一个实验，在用萤石制成的密闭容器中放入干燥的氟化汞（HgF_2）固体，在加热的条件下不断通入干燥的氯气。实验进行一段时间后，反应容器内仍然存在白色固体，经分析是氯化汞（$HgCl_2$）晶体，而容器中的金箔却被腐蚀了。他们反复研究了金箔被腐蚀的原因，当把金箔放在玻璃容器中并注入浓硫酸后，发现玻璃容器被腐蚀了，显然在反应中生成了氟化氢，这说明金箔已经转变为氟化金了，也就表明在最初的反应中一定生成了氟气，但是兄弟俩也没能收集到单质氟。长期的实验使诺克斯兄弟严重中毒，托马斯·诺克斯差点被毒死，乔治·诺克斯经过近三年的休养才逐渐恢复健康。

1846 年，盖-吕萨克的助手，法国自然博物馆馆长，化学家弗雷米（Edmond Fremy，1814—1894）在铂制的坩埚中分别高温熔化了氟化钙（CaF_2）、氟化银（AgF）及氟化钾（KF）固体，并用铂作为电极进行电解。他观察到阴极析出了金属单质，阳极好像也有气体生成，可是无论他用什么方法都无法收集到氟气，而铂电极却被腐蚀了。经分析，弗雷米认为由于熔化固体的温度太高了，使得生成的氟气立即与容器和电极发生反应而消失。于是，他在低温条件下电解无水氟化氢，但是液态氟化氢不导电，致使实验没有取得成功。而电解氟化氢的水溶液（氢氟酸）却只能收集到氢气、氧气和臭氧。据此，弗雷米认为，含氟化合物太稳定了，以至于难以电解。即使电解产生了单质氟，也因为氟气过于活泼，马上和接触到的容器或电极发生反应，生成了其他稳定的氟化物。

1869 年，英国化学家哥尔博士（Dr. Geroge Gore，1826—1908）也曾试图利用电解法来分解氟化氢，但是在实验的时候发生了爆炸。用现在的知识来分析的话，可以认为哥尔博士曾获得过氟气，而氟气一旦接触到同时生成的氢气，就会发生剧烈反应产生爆炸。最终哥尔也是一无所获，不过他在实验报告中提出，降低电解时的温度，尽可能减弱氟气的活泼性，也许还有成功的机会。

虽然众多科学家的研究都以失败而告终，但是真正的勇士是永不屈服的斗士，在这个没有硝烟的战场上，科学家们前赴后继，以大无畏的精神坚持工作。其中比利时化学家鲁耶特、法国化学家尼克雷等科学家以身殉道。虽然这么多化学家都没有制得氟气，但他们的经验和教训都是极为宝贵的，为后来莫瓦桑成功制得单质氟提供了大量实验资料。

2. 勇敢的胜利者

1852 年 9 月 28 日，亨利·莫瓦桑（Henri Moissan，1852—1907）出身于法国巴黎的一个铁路职员家庭。因为家境贫困，幼时的莫瓦桑只接受了五年多的初等教育，连小学都未毕业就被迫辍学了。1870 年，他来到巴黎一家药房当学徒，成为药剂师的助手，在日常的工作中获得了一些化学知识，掌握了一些实验技能。怀着强烈的求知欲，莫瓦桑一边工作，一边挤出时间到博物馆阅览室或私人实验室去学习，也常常去附近的大学旁听著名科学家的演讲。1872 年，他以半工半读的方式在法国自然博物馆馆长、工艺学院教授弗雷米的实验室学习，两年后通过考试获得了中学毕业证书，并获得了在巴黎药学院实验室工作的机会。1877 年，他拿到了大学毕业证书，获得了理学学士学位。随后他考上了弗雷米的实习生（相当于现在的研究生），在弗雷米教授的指导下，他通过了《论自然铁》的论文答辩，取得了巴黎大学物理学博士学位。1879 年，他通过了高等药剂师考试，并担任了高等药学院实验室主任。1886 年成为药物学院的毒物学教授，1890 年担任巴黎大学理学部无机化学教授，1891 年当选为法国科学院院士。莫瓦桑在化学学科方面有许多创造，他是第一个分离出氟单质的科学家，氟化物的研究是莫瓦桑的著名贡献之一，因此莫瓦桑一跃成为世界知名的无机化学家。

莫瓦桑

就在莫瓦桑成为弗雷米教授实习生的时候，弗雷米教授正在研究氟化物，在弗雷米教授的实验室里有各种研究氟化物的仪器设备，莫瓦桑对此非常感兴趣。可是他的同学却告诉他：“世界上还没有一个人能制出单质氟！就连弗雷米教授也不能。以前所有制取单质氟的实验都失败了，大化学家戴维就曾想制取氟气，不但没有成功，而且还中了毒。爱尔兰科学院的诺克斯兄弟也在制取单质氟，结果哥哥中毒差点死了，弟弟则进了医院。此外，还有比利时的鲁耶特、法国的尼克雷，都在做这类实验的时候被毒死了，著名的盖-吕萨克也差点送了命。你要知道，亲爱的莫瓦桑，氟是死亡元素，千万别去碰它。”但是，年轻的莫瓦桑没有气馁，反而下定决心要攻克这个难关，完成弗雷米教授的研究工作。

1885年，莫瓦桑在弗雷米教授的指导下开始了氟化物的研究，并且把制取单质氟作为重点研究的课题。一开始，莫瓦桑就阅读了大量科学文献，研究了其他科学家做过的许多实验，对于制取单质氟的困难程度有了感性认识，对于单质氟的制取方法也有了初步的了解。戴维曾预言：磷和氧的亲和力极强，如果能制得三氟化磷（PF_3），使得三氟化磷和氧气发生反应，就有可能生成氧化磷和氟。于是，莫瓦桑据此制定了制取氟气的实验方案：先制备氟化磷，然后用氧气氧化它来获得氟单质。他将氟化铅与磷化铜放在曲颈甑里加热，反应制得了气态的三氟化磷。然后将获得的三氟化磷和氧气在曲颈甑内混合并加热，并通过装有催化剂（海绵状铂）的铂管。结果铂管被腐蚀了，预期的氟气没有收集到，得到的是三氟氧化磷（POF_3）。莫瓦桑多次重复了该实验，还是没有获得氟单质，反而耗费了不少昂贵的铂管。

就在莫瓦桑一筹莫展的时候，他的老师弗雷米教授的指导令他茅塞顿开。莫瓦桑对实验失败的原因进行了分析，他认为单质氟非常活泼，而实验又是在加热条件下完成的，高温条件致使单质氟的活泼性进一步增强，即便在反应过程中产生了单质氟，也会立即和接触到的任何一种物质发生反应，也许这就是实验失败的症结所在。既然在高温条件下无法制备单质氟，那就最好在常温甚至更低的温度下进行实验。而在低温条件下，更适合采用电解法制备。为了降低电解时的温度，电解的原料必须是某种液态化合物，莫瓦桑选用低熔点的三氟化砷（AsF_3）进行电解，但是电解实验没有取得

实验操作中的莫瓦桑

成功，因为液态的三氟化砷不导电。为了增强液体的导电能力，他尝试着往液态的三氟化砷中加入少量的氟化钾粉末，结果导电性的问题解决了。几分钟后，阳极上有少量气泡冒出，可是一段时间后电解反应又停止了。原来电解产生的砷（As）覆盖在阴极表面，由于砷不能导电，所以阻止了反应的进行。

研究工作很不顺利，此时的莫瓦桑感到心力交瘁，他时常出现全身乏力，恶心呕吐，呼吸困难等症状。由于长期接触三氟化砷、单质砷等有毒物质，他多次中毒，研究工作也常因此而被搁置。可是莫瓦桑仍然醉心于自己的实验，一旦健康状况有所好转，就立即投入研究工作。

莫瓦桑设计的制取方案中，还有一种电解氟化氢的方法尚未尝试。根据老师弗雷米以往的失败经验，电解所用的氟化氢必须绝对干燥，而且液态的氟化氢不导电，必须增强液体的导电性能。于是，莫瓦桑先在铂制的曲颈甑中蒸馏氟氢化钾（KHF_2），制得无水氟化氢。然后在干燥的液态氟化氢（沸点为19.54 ℃）中溶解少量的氟化钾以增强电解液的导电能力。他将混合液放入用铂制成的U形电解槽内，以耐腐蚀性能极强的铂铱合金作为电极，用氯仿作为冷却剂，将铂制U形电解槽浸没在冷却剂中。通电后，阴极区生成了气体，而阳极区却没有产生气体的迹象。电解一段时间后，阳极区还是没有收集到任何气体。莫瓦桑感到十分沮丧，他想也许氟根本就不存在单质。在他拆卸仪器的时候却惊奇地发现，阳极区用于密封的塞子上覆盖着一层白色粉末，原来塞子被腐蚀了。真是百密一疏啊，导致实验失败的各种可能性都考虑到了，就是忽略了这个小小的塞子，看来产生的氟气与塞子发生了反应消失了。这时候莫瓦桑隐约地感到成功也许就在眼前，他怀着忐忑不安的心情，用不与氟发生反应的萤石塞子替换了U形电解槽的塞子，在接合处用虫胶密封，其他的反应仪器和电解液保持原样，最后接通电源。在焦急的等待后奇迹终于发生了，阳极区出现了气体，那是一种淡黄绿色的气体，莫瓦桑确信那就是单质氟气，那就是两年来辛勤工作的回报啊！

1886年6月26日，这是个值得纪念的日子，氟气这种最活泼的非金属单质终于被人类征服了！化学家们的百年梦想终于实现了！

在成功制取单质氟气之后，莫瓦桑又仔细研究了氟气的化学性质，证明了氟气确实具有惊人的活泼性。氟元素几乎能和所有的元素化合。硫、硒、碲、硅、硼等非金属单质都能在氟气中剧烈燃烧。常温下，大多数金属都会被氟气腐蚀，活泼的碱金属在氟气中能剧烈燃烧，即便是相当稳定的金、铂等金属，也只要稍稍加热即可与氟气化合。常温下，氟气能与水剧烈反应，夺取水中的氢而生成氟化氢，而水则失氢生成氧气或臭氧（O_3）。在极端低温条件下，氟气还能与烃类或氢气发生剧烈反应，产生爆炸，这个现象开创了低温条件下发生剧烈化学反应的新纪录。1962 年以后，科学家还成功获得了氟气与稀有气体形成的各种化合物。氟元素不愧为最活泼的非金属元素。

莫瓦桑成功制备了氟气，但是他的制取方法必须经过法国科学院审查委员会的审查。当时莫瓦桑还没有成为法国科学院院士，他只得请人代为转交有关论文。受法国科学院的委派，由弗雷米教授、有机化学家贝特罗等三位专家组成了审查小组。通过仔细核实，审查委员会最终确认了莫瓦桑的研究成果。在此之后，莫瓦桑继续改进氟气的制法，他用铜制的容器代替价格昂贵的铂制容器，进行了规模较大的实验，每小时能电解产生 5 升氟气。通过多年研究，莫瓦桑又进一步制备出许多新型的氟化物，如氟代甲烷、氟代乙烷、异丁基氟等有机化合物。其中最引人注目的是四氟甲烷，它的沸点是 -15 ℃，很适合做制冷剂，这就是最早的氟利昂，莫瓦桑也因此成为第一个制取出氟利昂的科学家。

莫瓦桑一生主要从事实验研究工作，并将研究成果写入了《氟及其化合物》一书。他曾经获得过许多荣誉，几乎是当时所有著名科学院和化学学会的成员，但他始终保持着谦逊的态度。为了表彰莫瓦桑在制备单质氟方面所做出的突出贡献，法国科学院颁发给他 1 万法郎的拉·卡泽奖金。1896 年，他荣获英国皇家科学会的戴维奖章。1906 年，莫瓦桑又因为在研究氟的制备和氟的化合物领域的显著成就，获得了诺贝尔化学奖。

08 “病态”孤僻的富豪学者

——性格古怪的卡文迪许

◇┈┈┈┈┈┈┈

在历史悠久的世界名校——英国剑桥大学校园内矗立着一座不算高的建筑物，外墙上工整地书写着：“Cavendish Laboratory”（卡文迪许实验室）。实验室建于 1871 ~ 1874 年间，是当时剑桥大学的一位校长威廉·卡文迪许私人捐款兴建的，他是科学家亨利·卡文迪许的近亲。当时耗用了 8450 英镑的捐款，除去盖成一栋实验楼外，还买了一些仪器设备。最初是物理系教学实验室，后来实验室扩大为整个物理系的科研与教育中心，并以卡文迪许家族的名字命名。该中心注重独立的、系统的、集团性的、开拓性的实验和理论探索，其中关键性设备都提倡自制。这个实验室曾经对物理学的进步做出了巨大的贡献。近百年来，卡文迪许实验室培养出的诺贝尔奖获得者已达 26 人。著名科学家麦克斯韦、瑞利、汤姆孙和卢瑟福等先后主持过该实验室的工作。

卡文迪许不仅在物理上做出了巨大贡献，在化学上也颇有建树，他被人们称为“化学中的牛顿”。然而，卡文迪许的性格却很是怪异，他的装束依旧是他祖父时代的古怪式样。他很少出门，因为只要出门就会有一群顽童嬉闹着跟在他后面跑，街上的人也会指指点点，议论纷纷；他一辈子没有结婚，因为他一见到妇女就说不出话来。

1. 视金钱如粪土

法国科学家比奥说："卡文迪许在一切学者中最富有，在一切富翁中最有学问。"

卡文迪许

卡文迪许出生于英国的贵族家庭，父亲是德文郡公爵二世的第五个儿子，母亲是肯特郡公爵的第四个女儿。卡文迪许家资万贯，资产超过了130万英镑。这些钱主要来自叔叔的大宗遗赠和父亲留下的遗产。然而作为英国巨富的卡文迪许却对金钱毫无兴趣，从不考虑这些钱该怎么用，一心扑在他所痴心的自然科学研究上。

他的大部分钱都花在了购置科学仪器上，他还利用这笔财富购买了大批很有价值的图书，除自己用外，还慷慨地供其他学者使用。自己在生活上却非常俭朴。曾经有个穷困可怜的老翁，经朋友介绍来帮他整理图书，本来希望卡文迪许能给他一点酬金，来改善他的生活。可谁知工作完之后，卡文迪许只字未提酬金的事。那朋友只好告诉卡文迪许，这老翁穷困潦倒，请他帮助。卡文迪许很奇怪，便问："我能帮他做什么呢?"朋友说："给他点生活费吧。"卡文迪许急忙掏出支票，边写边问："2万镑够吗?"朋友惊叫起来："太多，太多了!"可是支票已经写好了。

卡文迪许故居

还有一件事情，卡文迪许的仆人病了，需要花钱治病，他便随手开了一张1万英镑的支票给他，使仆人惊讶得不知所措。在卡文迪许的头脑中，钱的概念很淡薄，他甚至不知道1万英镑究竟是多大一笔财富。

2. 孤僻腼腆到“病态”

卡文迪许的性格怪僻、孤独、羞怯，这与他从小缺少父母的关爱有关。两岁时，母亲因生育弟弟病逝，而父亲又忙于社交活动，撇下他交给保姆看管，与外界极少往来。直到11岁，他才被送入一所专收贵族子弟的学校，然而在学校里他仍然很少与人来往，也缺少伙伴。

卡文迪许一辈子过着贵族阶层的生活，但他从不涉足那些贵族花天酒地的社交活动，而皇家学会的科学聚会却必定参加，目的很明确：为了增长知识，了解科学动态。卡文迪许参加聚会时，总是低着头，屈着身，双手搭在背后，悄悄地找个僻静的地方，脱掉帽子坐下，一声不响。若有人和他打招呼，他会立即面红耳赤，羞涩不堪。

在一次聚会上，有一位会员进行实验示范，讲解中发现，一个穿着旧衣服、面容枯槁的老头，紧挨在身边认真听讲。这位会员看了他一眼，老头急忙逃到别人身后躲起来。过一会儿，这老头又悄悄地挤进前面认真听讲。如果讨论的问题索然无味，人们就会听到身后突然响起怒气冲冲的尖叫声，转身就会看到这个老头飞也似的逃向另一个更安静的角落里。这奇怪的老头正是卡文迪许。

当时著名博物学家约瑟夫·班克斯也在家举行每周一次的科学界名流的聚会，卡文迪许也会参加。为了不打扰他，班克斯每次都特别告诫其他人：“千万不要靠近那个待在角落里的人。如果他就某个问题发表见解时，他会对着窗户悄悄地说。你一定要装着很不在意的样子晃悠到他身边，并保持安静去听他的意见，但切记，必须要装着没有听见他说话。”

卡文迪许性情孤僻，不喜欢与人谈话，而且最怕交际。有一位奥地利科学家到班克斯爵士的家里做客，正巧卡文迪许也在座。班克斯便介绍他们相识。班克斯曾对这位远客盛赞卡文迪许，在互相介绍时，这位初见面的客人对卡文迪许说出非常敬仰的话，并说这次来伦敦的最大收获，就是认识这位名震一时的大科学家。卡文迪许听到这话，大为忸怩，最后完全手足无措，便从人丛中冲到了室外，坐上他的马车回家去了。

卡文迪许沉默寡言，几乎到了病态的程度，他跟任何人接触都会感到局促不安，就连他的管家都要以书信的方式跟他交流。卡文迪许是那个年代最有才华的英国科学家，经常有慕名来访的客人，而他常常一言不发陪坐在旁，使这帮闲逸文人尴尬扫兴。有一回，他打开大门，只见前门台阶上站着一位刚从维也纳来的奥地利仰慕者。那人非常激动，对他赞不绝口，一时之间，卡文迪许仿佛挨了一记闷棍，他再也无法忍受下去，便顺着小路飞奔而去，出了大门，连门也顾不上关。几个小时以后，他才被劝说回家。

3. 沉溺于实验研究

在社交生活中，他沉默寡言，非常孤僻。然而在科学研究中，他思路开阔，兴趣广泛，显得异常活跃。特别是在化学和物理学的研究中，他有极高的造诣，取得了许多重要的成果。

卡文迪许长期深居独处，整天埋头在科学研究的小天地里，对于科学研究简直像着魔一样。为了方便研究，他把自己的一所公馆改为实验室，另一处住宅改为公用图书馆，把自家丰富的藏书提供给大家使用。父亲死后，他又将他的实验基地搬到乡下的别墅，将富丽堂皇的装饰全部拆去，大客厅变成实验室，楼上卧室变成观星台。为了更加方便地观测星象，他不惜践踏那些名贵的花草，在宅前的草地上竖起一个架子，经常待在这个架子上，长时间地仰天而望。

1754 年，英国化学家布莱克在加热石灰石时发现了一种气体，被命名为“固定空气”，这就是今天的二氧化碳。后来又发现木炭燃烧产生的气体中、人呼出的气体中都含有“固定空气”，但是收集它的最好方法是什么，其物理性质、化学性质又是什么，却无人能够回答。卡文迪许对此发生了兴趣，着手设计实验进行这些问题的研究。卡文迪许首先设计了排水集气法来收集“固定空气”，却发现这种气体能溶解于水，而且在室温下的水中可吸收“固定空气”的体积比水本身的体积大，冷水时可以吸收得更多一点，若将水煮沸，溶解于水中的“固定空气”则会逸出；若用酒精吸收“固定空气”，则发现溶解的本领比水要大，大约是其本身体积的2.25倍；若用某些碱溶液来吸收“固定空气”，则溶解的量更大。因此，收集“固定空气”不能采用排水集气法，也不能用排酒精法，更不能用排碱溶液法，而应用排水银法，因为水银不吸收“固定空气”。

后来，卡文迪许还发现将石灰石、大理石、珍珠灰等物质投放到酸中也能排放出“固定气体”，他测定了从酸中排出的“固定空气”的质量，发现“固定空气”的密度是普通空气的1.57倍；他在普通空气中不断增加“固定空气”的含量，再把燃烧的蜡烛放进去，结果观察到当“固定空气”的含量占到总体积的1/9时，蜡烛就会熄灭。

卡文迪许的这些实验研究，使人们对二氧化碳的性质有了更多的了解，这对当时科学家研究气体很有启发。卡文迪许对化学反应独特的兴趣，驱使着他总是通过设计实验来探求物质之间会不会发生化学反应。

他想知道铁会不会与酸发生化学反应，于是，他将一块铁片扔进了稀硫酸中，只见气泡涌溢而出。他感到很是惊奇，这种气体也是“固定气体”吗？他顺手用火一点，“啪”的一声，气体就燃烧起来，发出淡蓝色的火焰。这是他从未遇到的现象。卡文迪许分别用排水法、排碱溶液法来收集这种气体，确定它不溶于水和碱；又测定了它的质量，发现普通空气的密度是它的12倍。这些结果都与已知的其他气体不一样，从而断定它是一种新的气体。他把这种未知气体称为“可燃空气”（即氢气）。

随后，美国化学家普利斯特里说他做了一个“奇怪”的实验：他将卡文迪许发现的“可燃空气”和自己发现的“脱燃素空气”（即氧气）混合在一个瓶中，用电火花燃爆之后，发现瓶中有露珠生成。普利斯特里无法解释的实验现象，引起了卡文迪许的兴趣，并决定重复这一实验。他在普利斯特里的基础上改进了实验设计，使得实验更加精确，很快得到结论：当将“可燃空气”和普通空气混合进行燃爆时，“可燃空气”和1/5的普通空气凝结成“露珠”；当用“脱燃素空气”代替普通空气进行实验，同样获得了“露珠”，而且两者相互化合的体积比为2.02∶1。多次实验之后，他确认了这种“露珠”就是水。

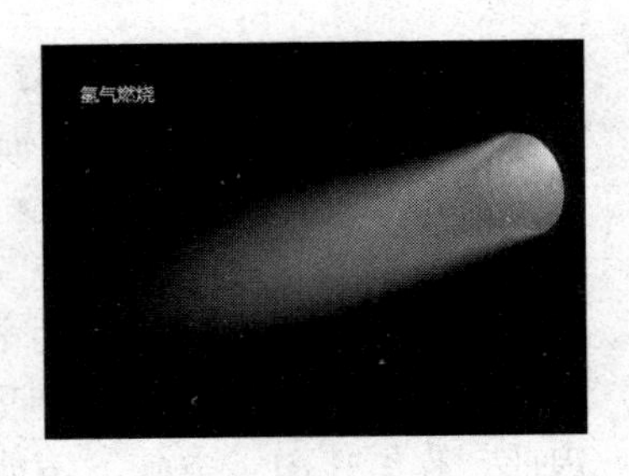

氢气燃烧发出淡蓝色火焰

在上述实验中，卡文迪许还遇到意外的现象：他发现实验中得到的“露珠”有时带有酸味；用碱中和，再蒸发后能得到少量的硝石。若在普通空气中增加“脱燃素空气”的量，得到的硝石也就增加；若减少“脱燃素空气”的量，得到的硝石也减少；若“可燃空气”过量，则没有硝石生成。为此，他又做了一系列实验，终于找到了其中的奥妙。1785年，他在发表的论文中指出：由于普通空气中混有氮气，在电火花燃爆“可燃空气”时产生了高温，而生成了硝酸或亚硝酸，水的酸味由此产生，被碱中和后得到了硝石；当“可燃空气”过量时，“脱燃素空气”完全转化为水，从而无法生成硝酸或亚硝酸，也就得不到硝石。

卡文迪许在实验中还发现令他无法解决的问题：用钾碱溶液中和燃爆反应之后的硝酸或亚硝酸，再用硫化钾溶液吸收掉剩余的氧气，却发现仍然存在一个很小的气泡，这个气泡的体积大约是总体积的1/120。这部分气体根本不参加化学反应，因此与氮气的性质不一样。卡文迪许无论如何也没法讲清这究竟是什么。直到100年以后，英国化学家瑞利和拉姆塞才证实，这部分气体就是惰性气体。当拉姆塞查到卡文迪许的实验记录时，不禁拍案叫绝。

3. 不可思议的“沉默”

卡文迪许卓越的研究引起科学界的关注，始于他的第一篇论文《论人工空气》。这是发表于1766年的论文，他在论文中主要介绍了对“固定空气”的实验研究。当时有人对如此古怪的老头能否研究出真东西表示怀疑，为此英国皇家学会组织了一个委员会，对卡文迪许的实验进行了重复研究，完全证实了卡文迪许的实验结果，也对他卓越的实验技巧和对科学的诚实态度赞不绝口。后来他的这些成果逐渐引起英国乃至欧洲科学界的震惊，最终赢得了科学界的尊敬。

卡文迪许从事实验研究达50年之久，把毕生的精力倾注于科学研究，留下了大量极其珍贵的手稿和实验记录。卡文迪许不仅在化学上成就卓越，在物理学上的丰功伟绩也令世人刮目相看。他精心设计的实验计划、周密的实验布置、别具匠心的方法和精湛的实验技术，都堪称后世楷模。但不可思议的是，卡文迪许仅发表了18篇论文，关于物理学方面的论文只有两篇。这与他孤僻、羞怯的性格有关，也与他淡泊荣誉、对于发表实验结果以及是否得到优先权很少关心有关。

1810年2月24日，他突然感到自己即将离开人世，为了不惊吓周围服侍他的人，卡文迪许决定悄悄地离开人间。于是，他请身边服侍他的人都暂时离开，等一个小时后再回来。当人们再回来时，卡文迪许已悄悄地走了。

1810年卡文迪许逝世后，他的侄子整理遗物时把他遗留下的20捆实验笔记完好地放进了书橱里，谁知手稿在书橱里一放竟是60年。直到1871年，另一位电学大师麦克斯韦，应聘担任剑桥大学教授并负责筹建卡文迪许实验室时，这些充满了智慧和心血的笔记才获得了重返人间的机会。麦克斯韦仔细阅读了前辈在100年前的手稿，不由大惊失色，连声叹服说："卡文迪许也许是有史以来最伟大的实验物理学家，他几乎预料到电学上的所有伟大事实。这些事实后来通过库仑和法国哲学家的著作闻名于世。"麦克斯韦决定搁下自己的研究课题，整理这些手稿。几年时间里，麦克斯韦带领大家呕心沥血，一边整理实验记录，一边重复和改进卡文迪许做过的一些实验，并于1879年出版了名为《尊敬的亨利·卡文迪许的电学研究》一书。当人们读罢这本书后，才知道后辈科学家努力要做的许多实验，卡文迪许早就做过了。有了这本书，才使得卡文迪许的光辉思想流传了下来。一本名著，两代风流，不啻是科学史上的一段佳话。

09 开启化学神秘园的人
——道尔顿的伟绩

◇

一颗科学巨星陨落了。

这是一位一生勤奋、一生清贫、终身未娶的科学家，是拥有法国、英国、德国、俄国等多个国家极高荣誉的化学家。他就是英国化学家道尔顿。1844 年 7 月 26 日晚，他用发抖的手记下最后一篇气象日记。第二天清晨，他就像婴儿入睡一样静静地长眠了，享年 77 岁。对道尔顿的逝世，英国曼彻斯特市民们感到非常悲痛，当时的市政府立即做出决定，授予这位科学家以“荣誉市民”的称号，将他的遗体安放在市政大厅，4 万多市民络绎不绝地前去致哀。8 月 12 日公葬时，100 多辆马车送葬，数百人徒步跟随，沿街商店也都停止营业，以示悼念。

道尔顿

一位终身未娶、没有后人、也没有钱财的普通市民，在死后能获得如此非同寻常的礼遇是绝无仅有的，可见人们对道尔顿的崇敬非同一般。

1. 终身清贫如洗

道尔顿出生在英格兰北部的一个穷乡僻壤，父亲是一位织布工人，兼种一点薄地，母亲生了6个孩子，有3个因饥饿和疾病而夭折。道尔顿6岁起在村里教会办的小学读书。刚读完小学，就因家境困难而辍学。因此，乡村小学毕业成为道尔顿的最高学历。但是他酷爱读书，在干农活的空隙时间还要坚持自学。

他勤奋好学的态度得到一个叫鲁宾孙的亲戚的赞赏，鲁宾孙在村里做教师，经常主动利用晚上时间来教他数学和物理。到了15岁时，道尔顿的学识已有很大提高。为了生存，他离家来到附近的肯达尔镇上，在他表兄任校长的教会学校里担任助理教师。就这样，只有小学文凭的道尔顿依靠不懈的努力而自学成才，成为一个乡村中学的教员。在这所学校里，他仍然坚持一边努力工作，一边发愤读书，无论是数学等自然科学，还是哲学、文学的书籍，他都广泛涉猎。据说在这所学校的12年中，他读的书比以后50年的还多，为他当时的教学和以后的科研奠定了坚实的基础。

在肯达尔镇上，有个名叫约翰·豪夫的盲人学者，他两岁时患天花而失明，凭着顽强的毅力和出众的才智，通过自学先后掌握了拉丁文、希腊文和法文，还获得了数学、天文、医学、植物学等学科的丰富知识，成为远近闻名的学者。道尔顿从他身上找到了学习的榜样，主动登门拜豪夫为师，跟他学习数学、哲学和拉丁文、希腊语。

牛津大学一角

1793 年，道尔顿经豪夫推荐，来到了曼彻斯特，受聘于哈里斯曼彻斯特学院（牛津大学的前身）担任数学和物理学讲师。后来他还开设了化学课程，他系统地学习化学知识是从这里开始的。道尔顿虚心的求教和不倦的自学，终于使他成为一位知识渊博的学者。

随着学识的增加，他越来越感到有些问题有必要深入研究下去，但要解决科学难题必须付出更多的时间和精力，学院里过多的教学工作使道尔顿难以充分开展自己的科学研究。1799 年，他果断地辞去了讲师职务，开始了他清贫的以科研为主的新生活。同时，他自办私塾 25 年，靠微薄的收入糊口度日。

道尔顿不仅在幼年时代过着贫穷的日子，在享有盛名之后，经济仍然不富裕，生活仍然十分简朴。因此，当道尔顿的成就在英国国内及欧洲大陆引起越来越多科学家的重视时，许多和他同时代的著名学者，如戴维、法拉第等，在与其交往时都为道尔顿的简朴而感到意外，遂为其请命，呼吁政府予以重视。但直到 1833 年，政府才不得不给已经 67 岁的道尔顿每年 150 英镑的微薄的养老金。

2. 偶然中的发现

道尔顿在鲁宾孙的感染下，很早就开始进行气象观测。在肯达尔镇，受豪夫的指导又掌握了记录气象日记的技能。他从 21 岁开始，坚持做气象记录，直到生命的最后一刻。道尔顿就是靠这种可贵的韧劲攻下了一个又一个学习难关。

然而，道尔顿在曼彻斯特发表的第一篇论文，不是气象问题，不是化学问题，也不是物理问题，而是一篇关于色盲的文章。说起来，事出偶然。圣诞节时道尔顿买了一双深蓝色的袜子准备送给母亲，以表示对老人家的孝敬。没想到的是，当母亲看见袜子时却厉声责问他：为什么要买一双红色袜子？依照当地宗教习俗，妇女禁着红色。由此，道尔顿才发现自己的辨色能力与众不同，这种症状激起了他的好奇心。他让哥哥也来观察这双袜子的颜色，发现他哥哥也具有不正常的辨色能力。他又扩大了调查范围，发现具有这一病症的人群占有一定的比例。为此，他撰写了《关于颜色视觉的特殊例子》的论文。在这篇文章中，他详细描述了色盲的视觉缺陷，总结了自身和很多人身上观察到的色盲症的特征。1794 年 10 月 31 日，道尔顿在曼彻斯特文学和哲学学会上宣读了这篇论文。道尔顿的发现引起了社会公众的强烈反响，所以在英国，很多人将色盲称为“道尔顿症”。

道尔顿还认为：他把红色看成蓝色的病症可能是因为他的眼睛的水样液是蓝色的。为了证实这一想法，他希望在他死后对他的眼睛进行检验。然而去世后的尸检发现眼睛未见异常。直到 1990 年，在对其保存在皇家学会的一只眼睛进行 DNA 检测后，才发现他缺少对绿色敏感的色素，这才揭开了“道尔顿症”的面纱。

3. 着迷于气体研究

道尔顿的生活很有规律，几乎每天都是早餐前先去实验室生火，吃完早餐后即开始工作，一直干到午餐时才出来。吃罢午餐又继续进实验室工作，一直忙到晚上 9 点，晚餐后稍作休息，就进书房读书至半夜。这种生活就像时钟运转一样有规律。据说他为了观测气象，每天六点准时打开窗户。住在附近的主妇们，一看到他打开窗户就知道现在的时间是几点几分了。道尔顿的“午夜方眠，黎明即起”座右铭，成为他勤奋治学生活的真实写照。

长期以来对气象观测和对大气各种问题的思索，很自然地引导他去研究气体的物理性质。道尔顿认为：要说明气体的特性就必须知道它的压力。为了测定气体的压强，他亲自设计动手制作了各种器具，利用这些器具考察了大气、水蒸气等多种气体的蒸发、压缩、膨胀等物理现象，还对大气的组成、混合气体的状态、气体的扩散、气体在水中的溶解等问题做了详细的实验研究。

1800 年，道尔顿在加热相同体积的不同气体时，发现温度升高所引起的气体压强变化值与气体种类无关，并且当温度变化相同时，气体压强变化也是相同的。他在《论气体受热膨胀》的论文中清楚地记录了这一试验现象，并提出了气体的热膨胀定律。后来法国科学家查理和盖-吕萨克也得到了同样的结论，遗憾的是道尔顿没有继续深究这个问题。

1801 年，道尔顿将水蒸气加入干燥的空气中，发现混合气体中某组分的压强与其他组分压强无关，但总压强等于两者压强之和。这就是著名的“道尔顿分压定律”。同年，道尔顿的朋友威廉·亨利发现了难溶于水的气体在水中的溶解数量与压强成正比，即“亨利定律”。随后在“道尔顿分压定律”的影响下，亨利观察到对于混合气体也存在同样关系，只不过压强换成了气体的分压值。直到今天，这些对气体物理性质的实验成果都是无人超越的重要的科学理论。

4. 气体延伸出的伟绩

在气体物理性质的研究中，道尔顿常思考这样一个问题：为什么复合的大气，或者由两种或更多种弹性流体（气体）组成的混合物竟能在外观上构成一种均匀体？他决心解释常见的自然现象。

$$p=\sum_{i=1}^{k} p_i$$

$$p=\frac{nRT}{V} \qquad p_i=\frac{n_iRT}{V}$$

$$x_i=\frac{p_i}{p_i}-\frac{n_i}{n}$$

$$p_i=p_{ix}$$

道尔顿分压定律

他假定各种物质（气体）都是由同样大小的微粒构成。混合气体的分压定律表明：一种气体的微粒能均匀地分布在另一种气体的微粒之中，气体的扩散也是类似的物理过程。道尔顿认为：物质的微粒结构是存在的，这些质点也许是太小了，即使采用显微镜也无法看到。这时他想起了古希腊哲学家提出的原子假设，于是他选择了“原子”这一名词来称呼这种微粒。那么，怎样证实气体原子的存在呢？道尔顿认为，必须测定各种原子的相对质量和不同原子合成的新微粒的组成。

当时，化学家在气体化合物的化学反应中，为道尔顿的研究提供了一些实验数据，但是远远满足不了他计算各种原子的相对质量的需要，为此，道尔顿做了一些大胆的假设和推理。首先，他假定相同体积的气体在同温同压下，含有相同数目的原子。若这一假定能成立，他便可以通过测量相对蒸气密度来换算气体原子的相对质量。但是，他在氧气、氢气合成水的实验中发现，水的蒸气密度反而小于氧气的蒸气密度。于是他断定采用蒸气密度法来测算原子相对质量行不通。其实用现在的观点来看，只要把道尔顿测定的微粒由原子改为分子就对了，可惜道尔顿当时没有这种认识。

采用物理学的实验方法行不通，道尔顿转向了化学。他以氢原子的质量作为基准，利用前人对一些物质的分析结果，换算出一批原子的相对质量，这就是世界上第一张原子相对质量表，记载在1803年9月6日道尔顿的日记中，这一天恰好是道尔顿37岁的生日，因而更富有纪念意义。

1804年夏天，当时在英国已颇有名气的化学家托马斯·汤姆生拜访了道尔顿，道尔顿向他介绍了自己的原子论。汤姆生极为欣赏，在1807年出版的《化学体系》著作中，宣传了道尔顿的原子论，从而使这一理论为其他化学家所认识。第二年，道尔顿的主要化学著作《化学哲学的新体系》正式出版，书中详细记载了原子论的主要实验和主要理论。自此，道尔顿的原子论才正式问世，并很快成为化学家们解决实际问题的重要理论。

在科学理论上，道尔顿的原子论是继拉瓦锡的氧化学说之后理论化学的又一次重大进步，他揭示出了一切化学现象的本质都是原子运动，明确了化学的研究对象，对化学真正成为一门学科具有重要意义。此后，化学及其相关学科得到了蓬勃发展。在哲学思想上，原子论揭示了化学反应现象与本质的关系，继天体演化学说诞生以后，又一次冲击了当时僵化的自然观，对科学方法论的发展、辩证自然观的形成以及整个哲学认识论的发展具有重要意义。

5. 盛名之下的膨胀

最早提出原子论的是古希腊哲学家德谟克利特，他认为物质是由许多微粒组成的，这些微粒叫原子（意思是不可分割）。许多后人都接受了德谟克利特的观点，但是他们的假定只是凭想象并无实验根据。

道尔顿第一次把纯属臆测的原子概念变成一种具有一定质量的、可以由实验来测定的物质实体。道尔顿发现和他原子论相吻合的实验事实是：任何相同化合物的两个分子都是由相

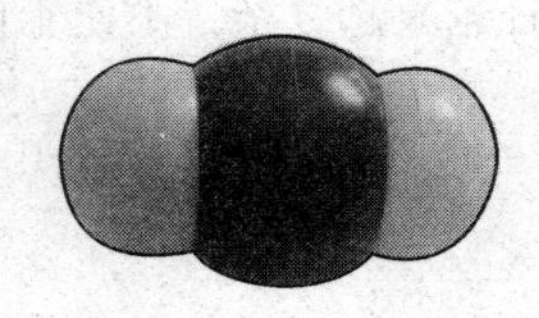

二氧化碳分子模型

同原子组成的，由此可推出一种已知的化合物——不管是由什么方法制得或在哪里发现的，总含有相同的元素，而且这些元素之间的质量比完全一样。例如二氧化碳中碳与氧质量之比为3:8，这就是倍比定律。倍比定律来自实验，成为原子理论的实验论据之一。

原子论建立以后，道尔顿名震英国乃至整个欧洲，各种荣誉纷至沓来。1816年，道尔顿被选为法国科学院院士；1817年，道尔顿被选为曼彻斯特文学哲学会会长；1826年，英国政府授予他金质科学勋章；1828年，在没有征得道尔顿本人意见的情况下，英国皇家学会“尴尬地”增选他为会员；此后，他又相继被选为柏林科学院名誉院士、慕尼黑科学院名誉院士、莫斯科科学协会名誉会员，还得到了当时牛津大学授予科学家的最高荣誉——法学博士称号。在荣誉面前，道尔顿开始还是冷静的、谦虚的，但是后来荣誉越来越多，他逐渐改变了，变得骄傲、保守，最终走向了思想僵化、故步自封。

1808年，法国化学家盖-吕萨克在原子论的影响下发现了气体反应的体积定律，实际上，这一定律也是对道尔顿原子论的一次论证，后来也得到了其他科学家的证实并应用于测量气体元素的原子量。但是，盖-吕萨克定律却遭到了道尔顿本人的拒绝和反对，他不仅怀疑盖-吕萨克的实验基础和理论分析，还对他进行了严厉的抨击。

1811年，意大利物理学家阿伏加德罗建立了分子论，使道尔顿的原子论与盖-吕萨克定律在新的理论基础上统一起来。但也遭到了道尔顿无情的反驳。

1813年，瑞典化学家贝采里乌斯创立了用字母表示元素的新方法，这种易写易记的新方法被大多数科学家接受，而道尔顿一直到死都是新元素符号的反对派。因为历史上，道尔顿曾用“图形加字母”的方式作为元素符号，但由于后来发现的元素越来越多，符号设计越来越复杂，不便于记忆和书写，故未能被广泛采用。

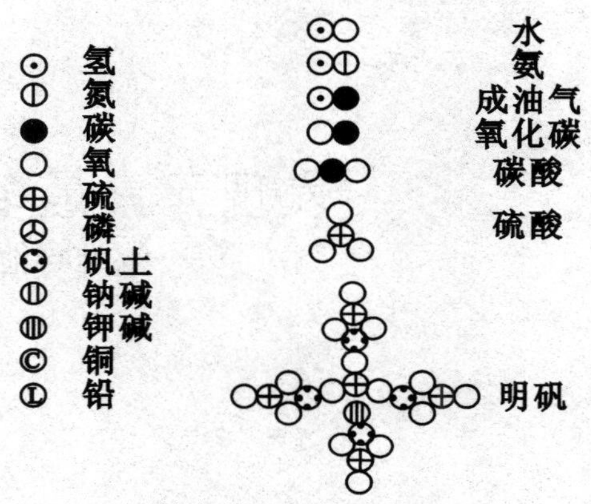

道尔顿的“图形加字母”

虽然道尔顿后半生的科学贡献不大、甚至阻挠别人的探索，但人们还是给予了他深切的怀念。

10 发现元素最多的浪子
——戴维与他的传奇人生

◇ ……

戴维

在门捷列夫元素周期表中整齐地排列着118种元素，这些元素的发现都承载着科学家的艰辛历程和无限荣誉。而英国化学家戴维一人竟发现了钾、钠、镁、钙、锶、钡、硼、硅8种元素，成为化学史上发现元素最多的化学家。不仅如此，戴维还因“笑气”而声名鹊起，他凭借丰富的知识和高超的实验技术发现了氯气，发明了安全矿灯；他具有超群的智力和非凡的演讲才能，也因此而获得了出乎意料的成功，赢得了杰出的口碑，成为伦敦的知名人士。

1812年4月8日，33岁的戴维获封爵士。三天后，戴维在赞誉声中，与拥有巨额财产的寡妇结婚，从此戴维步入了上流社会。过度的虚荣使他苦心模仿上流社会的习俗，追求名利和享受，生活日益庸俗化，他甚至辞去了皇家学院讲座教授的职务（当然，其中也有健康的原因），就连倾注了颇多心血的《化学要说》也只出版了上卷，下卷却始终无影无踪。

纵观戴维的传奇人生，褒贬掺杂，留给世人无尽的感叹、遗憾和惋惜。

1. 淘气、贪玩的浪子

戴维有着惊人的记忆力，别人讲过的故事或者自己看过的书，他都能生动地讲述出来。大人们都喜欢让他背诵诗歌，小伙伴们则总缠着他讲故事，这无意中锻炼了他的口才，还激发了他的诗歌恋情。据历史记载，戴维擅长作诗，常替同学以诗歌的形式写情书，晚年也常以诗会友，他有许多湖畔诗人朋友。戴维的父亲是木器雕刻师，在经营农业和锡矿工业中遭破产，作为长子，父母指望戴维能成才，好改换门庭，所以5岁就送他到学校去读书。

但戴维却十分淘气、贪玩，不肯在书本上花力气，在他衣服的口袋里装着钓鱼用具，装着各种矿石。上学之前经常先跑到海边玩一圈，所以迟到是常事。不仅如此，他竟敢在课堂上恶作剧，他悄悄地将口袋里的鸟放出来，学生们便一窝蜂地去捕鸟，致使老师讲课无法进行下去。

老师也知道戴维是“罪魁”，却拿他没办法。这天，戴维又迟到了，两个口袋鼓鼓囊囊，像疯了一样冲进教室奔向自己的座位，老师厉喊一声：“戴维！又到哪里闯祸去了?!”说着，上来一只手将他的耳朵提起，望着他鼓鼓的小口袋，提高嗓门吼道：“把口袋里的东西掏出来！”

“就不给你！”戴维说着还故意用手将口袋护住。

当着全体学生，老师的面子无处搁置。他一只手捏紧戴维的耳朵，另一只手伸向口袋里掏。谁知他刚把手伸进口袋，便发出一声尖叫，迅速将手抽了出来，连捏着戴维耳朵的那只手也早已甩开了。随着那只手的抽出，一条绿色的小菜花蛇落在老师的脚下。

教室里一下炸了窝，学生们惊叫、哄笑。戴维却不说不笑，一本正经地拾起小蛇，装进口袋里，又慢慢坐在自己的位子上，等待老师讲课，就像刚才什么事也没发生一样。他越是这样，学生们越是笑得前仰后合，而老师越气得说不出话来，最后夹起书本，摔门而去。

老师离开教室径直向戴维家走去，情绪激动地对着戴维的父亲将他闯祸的事说了一遍，父亲气得两手发抖，静等戴维放学回家好好教训他。

“这样的孽子要他还有什么用?”父亲彻底绝望了。

这件事过后不久，戴维的父亲一病不起，作古而去，时年戴维只有 16 岁。

2. 学徒受辱而发奋

父亲去世后，戴维似乎有所醒悟，他知道今后的日子会更加艰难。作为长子，戴维听从母亲的安排，到一家药店当学徒。那个时代，学徒是只管饭而没有工钱的，但 16 岁的戴维还不懂世事。

在发放工资时，戴维看到别人领了工资，他却分文没有，就去找老板说理。老板却当众羞辱道：“让你抓药不识药方，让你送药认不得门牌，你这双没用的手怎么好意思也伸出来要钱!”店里师徒、伙计们哄堂大笑，戴维羞愧满面，眼泪刷刷地流了下来，转身奔向自己的房间。

他没受过这种屈辱，可是心里一想：现在不比在学校、在家里了。现在吃人家，喝人家，就得忍受。如果跑回家去，弟妹已经向母亲喊肚子饿了，难道自己也要让母亲为难?想到这里，他揪起自己的衬衣，“刺啦”一声撕下一块，咬破中指在上面写了血书，以表达发奋的决心。

从这一天起，戴维给自己制订了自学计划，他利用药房的便利条件研究化学实验仪器的操作技能；他抓紧空隙时间认真自学尼科尔森写的《化学辞典》和拉瓦锡的《化学纲要》等著作，以弥补自己知识的不足；著作中讲到的实验，他尽可能地一一尝试；凡是好书他都设法借到，如饥似渴地阅读；遇到学识渊博者，他就主动求教。就这样，不到三年，戴维已是这间药铺里谁也不敢小看的学问家了。

3. “笑气”——成名之作

1798 年，戴维来到布里托尔的一所气体疗病研究室当管理员。研究室的负责人是贝多斯教授，教授发现他有精湛的实验技术，是个有前途的人才，就提出愿意资助戴维进大学学医。但戴维已下定决心终生从事化学研究。

当时，用来治疗瘫痪病的一氧化二氮气体被认为是有毒气体，也因此而影响了病人的情绪，医生也望而却步。戴维决心亲自试验一下。许多朋友劝阻他，认为这样做太危险。勇于探索的戴维却不以为然，立即投入了实验。他制取了大量的一氧化二氮，装在几个大玻璃瓶里，放在地板上准备做进一步的研究。有一天，贝多斯教授来到实验室，看到戴维做出的成绩非常满意，便与戴维交谈起来。他们谈得很是投入，不料贝多斯偶然一个转身，胳膊碰到桌子上的一个大铁三脚架，架子倒下来正好砸碎了装满一氧化二氮的玻璃瓶。贝多斯很难为情地弯下腰收拾破碎的瓶子，同时喃喃地说了一些表示歉意的话。戴维却认为这无关紧要，重新做一瓶是很容易的，用不着这样不安。可是还没等他把话说完，戴维的眼睛由于惊异而瞪得大大的。

一氧化二氮的结构式

戴维看到了一向以孤僻、冷漠而闻名的贝多斯教授，突然带着令人费解的微笑盯着他，接着教授大笑起来，笑声震撼了整个实验室。戴维很奇怪，却也无法控制地跟着大笑起来，还大声说道："这的确是一件令人开心的事。"就这样，两人面对面地站着，狂笑不止。

装有一氧化二氮的钢瓶

这种不平常的喧闹引起了隔壁实验室助手的注意，他打开门站在门边愣住了："他们怎么啦？"助手突然意识到了什么，用手捂住鼻子，大声喊道："你们中毒了，快出去！你们需要呼吸新鲜空气！"贝多斯和戴维在新鲜空气中逐渐恢复了神志。

在这次事故中，他们发现了一氧化二氮气体的新性质。事后戴维在笔记本上写道："我知道进行这个实验是很危险的，但是从性质上来推测可能不至于危及生命。……当吸入少量这种气体后，觉得头晕目眩，如痴如醉，再吸四肢有舒适之感，慢慢地筋肉都无力了，脑中外界的形象在消失，而出现各种新奇的东西，一会儿人就像发了狂那样又叫又跳……”“笑气”就这样诞生了。

戴维发现“笑气”对人的面部神经有奇异的作用，后来又发现适当剂量的“笑气”具有麻醉功能。戴维的这些发现，使“笑气”很快用作牙科和外科医生的麻醉剂，而且在当时迅速成为一种流行的休闲娱乐活动，许多人好奇地以吸入“笑气”为时髦，马戏团的小丑也要在上场之前吸一点“笑气”，以使人保持意味不同的狂笑状态。年仅22岁的戴维也因此而声名大振，第二年升为教授，第三年，还不满25岁的他便当选为皇家学会的会员。

4. 钾元素的探访者

自伏打电池诞生以来，科学家不断探索将电用于化学研究的新方法。戴维获悉：英国的尼科尔森和卡里斯尔采用伏打电池电解水获得成功。于是，他想：电既然能使水分解，那么电解其他物质会发生什么变化呢?

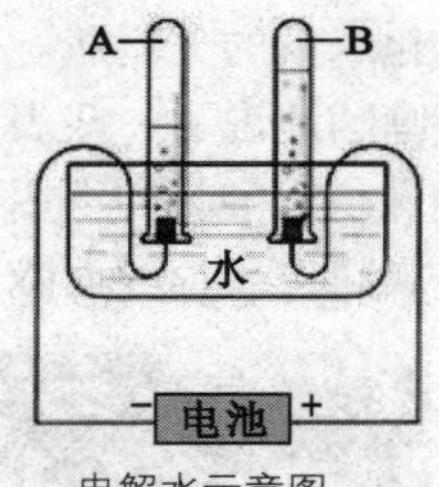

电解水示意图

为了弄明白这个问题，戴维很快研究并熟悉了伏打电池的构造和性能，而且组装了一个特别大的电池准备用于电解实验。戴维针对化学家拉瓦锡认为苏打、草木灰这类化合物的主要成分尚没有完全搞清楚的看法，决定通过电解的方法来研究。于是他选择了从草木灰中提取出的钾草碱（也就是碳酸钾）作为第一个研究的对象。

他将钾草碱制成饱和水溶液，把电池组的两根导线插入溶液中，立即沸腾发热，两根导线附近出现气泡，冲出水面。经证实，逸出的气泡是氢气和氧气，加大电流强度仍然没有其他收获。他意识到这种条件下被分解的物质只不过是水而已。随后，他果断地改变思路，重新选择锅灰（当时英国人把苛性钾称作锅灰）来研究。他将少量的锅灰放在白金勺里加热使之熔化，然后用一根导线接在白金勺上，再将另一根导线插入熔化物中，果然有电流通过了，在与导线接触的地方出现了小小的火焰，颜色是淡淡的紫色，这是从未见过的现象，戴维意识到可能是得到了一种新的物质，但是因温度太高而无法收集，难以进行进一步的研究。

偶然中，他发现露置在空气中的苛性钾会自动吸潮，使表面变成糊状。这能否导电呢？他把吸湿后的苛性钾放在白金盘上接通电源，看到苛性钾慢慢熔化，随后在正极相连的部位沸腾不止，有许多气泡产生，负极接触处，有形似小球、带金属光泽、非常像水银的物质产生。这种小球一经生成就燃烧起来，并伴有爆鸣声和紫色火焰，侥幸剩下来的表面慢慢变得暗淡无光，好似蒙上了一层白膜。这种小球状的物质经过检验，就是他所要寻找的物质，戴维把它命名为“钾”。

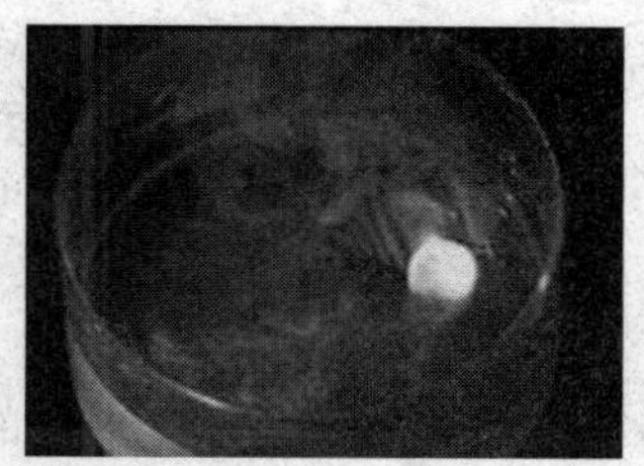
钾与水反应的现象

皇家学院的报告厅早已被慕名而来的人们挤得水泄不通，在这里，戴维要向大家展示他的新发现。这天，戴维拿出一个盛煤油的瓶子，里面存放着自己这些日子辛苦制得的一小块金属钾，他向人们介绍说：“这是三天前世界上刚发现的新元素。我给它起名叫锅灰素。它是金属，既柔软又暴烈，身体还特别轻，投入水中不沉，见火就着。”戴维说着就用小刀伸进煤油瓶里轻轻一划，割下一块钾来，然后把它放进一个盛满水的玻璃盆里。钾块立即带着“咝咝”声在水面上乱窜，接着一声爆响，产生一团淡紫色的火焰，最后慢慢消失在水里，无影无踪。

对草木灰电解的成功，使戴维对电解这种方法更有信心。紧接着，他采用同样的方法电解了苏打，获得了另一种新的金属元素。这种元素来自苏打，故命名为钠。

戴维通过电解方法发现了多种元素。1810 年，他又通过电解盐酸发现了“氯气”，命名了“氯元素”。也由此确认了盐酸中不含氧，进一步提出“酸中必含氢”的含氢学说，为推翻拉瓦锡关于“酸中必含氧”的含氧学说做出了贡献。

5. 比发现元素更伟大的发现

在科学讲座上，戴维以他的超群智力和非凡口才获得了出乎意料的成功。人们蜂拥而来，有时竟达千人之多，把会场挤得水泄不通。他很快就赢得了“杰出演讲者”的名声，成为伦敦的知名人士。正如当时有的人评述：“他的演讲给人的感觉和所得到的热烈称赞，完全出乎想象。”许多科学家、文学家、大学生及那些庄重的绅士、时髦的小姐急切地拥挤在会场，看着这个文弱青年的简单操作，听着那表情丰富的叙述，他那渊博的知识、生动的比喻和精巧的实验引起了人们的注目，他获得了极高的赞誉。

1807 年 11 月 11 日，戴维在皇家学院作报告时，突然昏死过去，被送到医院，经医生尽力抢救方才苏醒过来，虽保住了性命，却遭了一场大难，病情极度恶化，有好几天躺在医院里，不会说话，不会翻身。

出院后他就在家静养，有一年时间不能做实验，也不能多做报告，他在皇家学院 1808 年的收入也因此比上年锐减 3/4。

戴维在皇家学院演讲

这天正是圣诞节的前一天，他收到一封信，随信还有一本近 400 页的厚书，封面上用漂亮的印刷体写着“戴维爵士演讲录”。戴维吃惊不小，喊道：“是哪个出版社这样大胆，竟敢借我的名字偷偷出书。”他再一翻内页，三百多页全是漂亮的手写体，还有许多精美的插图，不像是机器印刷。可是封面是正正规规的精装布面，书脊上有烫金大字。戴维一下如坠雾中，莫名其妙。

他再看那封短信，原来是一个叫迈克尔·法拉第的青年写的，信中写道："我是印刷厂装订书的学徒，热爱科学，听过您的四次演讲。现将笔记整理呈上，作为圣诞节的礼物。如能蒙您提携，改变我目前的处境，将不胜感激。——法拉第"

戴维看着这封信，想起自己当初是捕鸟捉蛇的顽童，何曾受过什么正规教育，多亏伦福德伯爵的提携才进入皇家学院，现在已是爵士了；而这位青年还在和自己的命运抗争，却依然立志献身于科学。想到这里，戴维便提起鹅毛笔写了一封信："先生：承蒙寄来大作，读后不胜愉快。它展示了你巨大的热情、记忆力和专心致志的精神。最近我不得不离开伦敦，到一月底才能回来。到时我将在你方便的时候见你。我很乐意为你效劳。我希望这是我力所能及的事。戴维，1812 年 12 月 24 日"

果然，一个月后，戴维亲自接待了法拉第。之后，皇家学院的实验室助理因为打架而被开除，戴维便推荐法拉第接替了这个职位。就这样，1813 年 3 月，法拉第被安排在皇家学院实验室当戴维的助手。戴维在访问法国期间带法拉第游学欧洲，使其完成"大学学业"，后来又提供实验室供法拉第研究。

在同戴维一起工作的几年中，法拉第发表的论文几乎涉及化学的各个领域。他还发现了发电机和电动机的原理，极大地推动了社会的进步，他因此而成为可以与伽利略、牛顿、麦克斯韦和爱因斯坦齐名的科学家。戴维也深感自豪，他认为：发现法拉第是比发现元素更伟大的贡献。然而，随着法拉第成果的不断出现，声誉日隆，戴维教授的名声黯然失色。在戴维心理上也出现了变化，逐渐由欣慰变成了嫉妒。1824 年，法拉第参选英国皇家学会会员时，所有人都投赞成票，而身为法拉第导师和英国皇家学会会长的戴维却投了唯一的反对票。

11 化学元素符号的首倡者

——瑞典化学家贝采里乌斯

◇……………

贝采里乌斯

化学课堂上，教授说："做一个小实验，大家按我的示范进行操作。"教授把一个手指伸进烧杯中，蘸了一点烧杯中的液体，然后把手指放进嘴里。学生们也照做了，酸溜溜的醋味让学生们一个个直伸舌头，而教授却若无其事。这时，教授笑眯眯地问大家，"你们刚才的模仿动作对了吗?"说完，重新演示了一次：教授用"中指"蘸液体，放入嘴里的却是"食指"!

这位教授就是瑞典化学家琼斯·雅可比·贝采里乌斯，教授生动有趣的例子旨在让学生懂得学会仔细观察是无比重要的。

1. 多变故的童年生活

贝采里乌斯的童年是不幸的，他的父母都是农民，生活很是艰难，4 岁时父亲又因病去世。为了生活，在他 6 岁时母亲带着他和妹妹改嫁给了一位牧师。两年后母亲也患病去世了，年仅 8 岁的贝采里乌斯成为可怜的孤儿。所幸继父为人忠厚、善良，对贝采里乌斯兄妹俩就像亲生儿女一样。

继父很重视对孩子们的教育，他竭尽全力筹集了相当大一笔钱，为孩子们聘请了一位博学的家庭教师。与此同时，牧师为了开阔他们的视野，经常带孩子们去郊游，教他们认识小河边的各种植物，去看清澈的溪流中的小鱼、小虾。贝采里乌斯更喜欢这种旅行，尤其是继父对他观察事物的指点与帮助，使他渐渐地爱上了大自然。他躺在河边软软的草地上，仰望天空的朵朵白云，仿佛自己就是大自然的一部分。然而，好景不长，11 岁时，继父再婚，贝采里乌斯兄妹被送回老家由叔父抚养，婶母与堂兄把他们视为生活的累赘，他们备受虐待。

14 岁时，贝采里乌斯兄妹进入中学，为了谋生并挣到学费，他去给人补课、做雇工。中学期间，繁杂的社会课程使贝采里乌斯倍感乏味，但对自然课程他却表现出了极大的兴趣。他热衷于搜集各种植物、动物的标本，还喜欢打猎，也经常因此而耽误上课，引起校长的厌恶。毕业时，贝采里乌斯的成绩是倒数第二，校长在他的毕业鉴定上写道："天赋好、志向广泛，理解能力尚好，但品行恶劣，无培养前途。"但事实上，1797 年贝采里乌斯考入乌普萨拉大学医学系，6 年后获博士学位，1808 年当选瑞典科学院院士，1810 年又被选为瑞典科学院院长，1835 年晋封男爵。

考入大学后，因学校助学金名额不足，贝采里乌斯没有申请到助学金，而不能入学，他只好先去当家庭教师。为了给来自不同国家的移民的孩子上课，贝采里乌斯自学了法语、德语和英语。家庭教师的收入虽然相当微薄，但这种自食其力的生活却锻炼了贝采里乌斯坚强的意志和热爱劳动的品格。一年以后，贝采里乌斯为自己积攒了部分学费，又接到可以获得助学金的通知，这才返回大学念书。就这样，贝采里乌斯边做工边读书，克服了一个又一个的困难，非常艰难地完成了大学的学业。

2. 骑着驴子找到了马

贝采里乌斯历经千辛万苦从大学毕业，最初的求职并不顺利，但他始终保持着科学研究的乐观态度，终于在生活的煎熬中成就了一番惊天动地、流芳百世的事业，成为全球化学界的泰斗。

但是，让后人没想到的是，求学时期的贝采里乌斯对化学没有任何兴趣，甚至曾经面临被大学劝退的危险。他的志向是当一名教师，这也许是长期给人补课的缘故。在大学期间，由于对植物和昆虫的钟情和偏爱，选择了学医，准备将来从事医学教学。他大学的考试成绩很不理想，尤其是化学，很差。为了不被劝退，为了化学成绩，他不得不从书店里购买了化学书籍开始疯狂补习。遇到疑难问题就请教化学教授，有时候他还要亲自进行实验。一段时间以后，他的成绩突飞猛进。学习的成功，促进了他对化学的巨大兴趣，也正是这样，贝采里乌斯逐渐开始了对化学的研究。

1802 年，他有意结识了著名化学家约翰·阿夫采利乌斯教授，贝采里乌斯强烈的求知欲和刻苦奋进的精神，深深地感动了教授，他破例允许这名寒门弟子在实验室里自由地做各种化学实验。贝采里乌斯充分利用老师提供的这一优越条件，不仅做了电流对动物作用的奇妙实验，还重点分析了矿泉水，并以他出色的研究荣获博士学位。

大学毕业以后，他先来到首都斯德哥尔摩的一所外科医学学校，做了一名普通助教。在当时，普通助教没有工资报酬，这就严重影响了贝采里乌斯的生活和科学研究。无奈之中，贝采里乌斯被介绍到一个大矿场，这个矿场的主人是希津格尔先生。使贝采里乌斯欣喜若狂的是在希津格尔住宅的底层，设立着专用的实验室，规模不算太大，但设备齐全，应有尽有。希津格尔有着和贝采里乌斯同样旺盛的求知欲，他们对多种矿物进行化学分析，共同讨论感兴趣的化学理论问题。在这个时期的研究中，贝采里乌斯首次发现了金属铈。直到 1806 年 5 月，他被任命为化学讲师，生活费用才算有了保障，在 27 岁的时候结束了那段漂泊不定的生活。

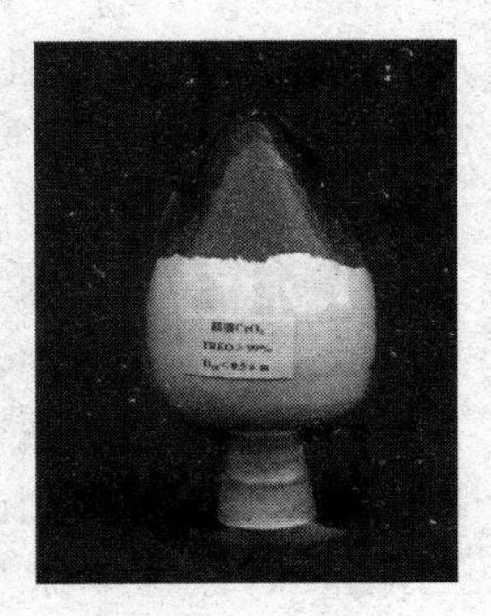

氧化铈样品

1807 年，贝采里乌斯被任命为斯德哥尔摩大学教授。一年后又当选为瑞典科学院院士。1810 年，他还担任了卡罗林外科医学院的化学与制药学教研室主任。

3. 元素符号的诞生

随着被发现的元素越来越多，科学家在思考一种能够简易地表示这些元素的方法。道尔顿提出“图形加文字”的思路，但仍然不够简洁明快。贝采里乌斯汇集了所有元素，从这些元素的名称中领悟到了让科学界为之震撼的表示元素的方法。他提出：用化学元素的名称的字母来表示元素；如果第一个字母相同，就用前两个字母加以区别，例如：Na 与 Ne、Ca 与 Cd、Au 与 Al 等。他就这样建立了一套完整的化学元素符号系统，而且一直沿用至今。1813 年，在汤姆生主编的《哲学年鉴》上公开发表了该元素符号系统。一年以后，在同一刊物上，他又撰文论述了化学式的书写规则。他把各种原子的数目以数字标在元素符号的右上角，例如 CO^2、SO^2、H^2O 等等，与今天的化学式的书写很接近。贝采里乌斯关于元素符号及化学式的表示方法，远比过去所有的表示方法简便、明确，因此，很快就被科学界接受了。

4. 硒元素的发现

在 19 世纪初，硫酸已经成为工业生产的重要原料，生产硫酸的原料是黄铁矿。在斯德哥尔摩西北部法龙镇的周围盛产黄铁矿，贝采里乌斯看准了这个契机，决定与人联合投资建造硫酸厂，但后来由于种种原因没有成功。当时硫酸的生产是利用铅室法，贝采里乌斯在铅室底部的沉淀物中发现了一种红色粉末，化学家特有的敏感，促使贝采里乌斯产生了对这种粉末进行分析的想法。

他用的分析方法仍是“吹管分析法”，他把红色粉末利用吹管火焰加热，结果闻到一股难闻的气味，如同腐败的萝卜一样。他想起，用同样的方法鉴定碲时也产生了这种气味。贝采里乌斯很自然地认为这种红色粉末是碲。后来，他把碲的样品进行了提纯，发现纯碲不会产生这种臭味。因此，他确定这种红色粉末并不是碲。

经过多次实验研究，贝采里乌斯意识到自己发现了一种新的元素，他将这种新元素命名为 Selenium（即硒，含义是月神，Selene）。因为硒的性质和碲很相似，常常与碲相伴而生，这就是未经提纯的碲在吹管火焰加热时产生臭味的原因。

硒的样品

除了硒外，他还发现了硅、锆、铈、碲、钍等多种新元素。他还测定了原子量，先后提出了三个原子量表；提出了“催化剂”的概念；建立了“催化”的新观点；提出了“同分异构”的概念；创立了多种实验分析法，发明了定量分析滤纸，推动了有机分析的发展。当然，贝采里乌斯还创立了电化学说，他提出的电化二元论，虽然能够解释当时几乎全部的无机物的结构，但也存在致命的弱点。

5. 电化二元论的学说

贝采里乌斯对他人的实验结果，甚至是自己的前期研究成果都非常重视，他能很快地从中得到启示，提出开拓性的更新的观点。在科学研究中，这一点很重要，也是难能可贵的。

长期困扰着科学家的问题是：元素结合成化合物的魔力来自何方？贝采里乌斯再次整理了早年进行电解实验的记录，他知道：电解槽两极的电荷相反，而电荷之间存在着吸引和排斥的作用。他顿时领悟，能否应用电学观点来分析化合物的组成和化学反应的机理呢？

实验证明：盐能被电流分解为碱和酸。若把酸碱的概念与电性联系起来，则可以认为：碱是由金属的氧化物形成，带阳电；非金属的氧化物带阴电，能形成酸。在这两种氧化物之间，有引力在起作用，这种引力作用的结果形成了盐。例如氧化钠带阳电，二氧化碳带阴电，二者相互作用时形成碳酸钠。

他又将设想推广到元素上：每个原子都带有正负两种电荷，氧是负电性最强的元素，钾是正电性最强的元素，其他元素负电性

（或正电性）的强弱介于二者之间。元素之间通过相反电荷的吸引而相互化合。例如，负电性最强的元素氧被其他元素所吸引而形成化合物。但是，因为不等量的电荷无法完全中和，使得这样形成的氧化物也带电。因此，金属的氧化物带阳电，非金属的氧化物带阴电。

这就是“电化二元论学说”。这个理论源于电解的实际过程，对盐、氧化物的形成原因做出了较满意的解释。这个理论简单明了，很容易被人们理解，并赢得绝大多数化学家的赞同，很快成为化学家们解释化学现象的流行理论。

随着有机化学的发展，特别是在研究取代反应中，贝采里乌斯试图将“电化二元论”推广至所有的化合物，结果明显暴露出它本身的缺陷，因而在当时的化学界引起了激烈的争执。后来，为了解释有机化合物的结构，人们最终放弃了电化二元论，接受了新的学说。在这场学术论战中，尽管贝采里乌斯失败了，但他至死都没有放弃电化二元论。

6. 他晚婚未育的生活

贝采里乌斯取得的成就使他成为世界化学界的泰斗，为国家和人类赢得了荣誉。1823 年秋，著名化学家维勒赴斯德哥尔摩拜贝采里乌斯为师。在 4 天的海上航行后，维勒上岸准备办理有关手续时，求助于一位船舶场的老人，他原是一位军人，现在在港口做翻译。当维勒要付给他一些报酬时，老人说：“我非常尊重学问，还十分尊重我们国家的骄傲——伟大的贝采里乌斯先生。你是到他那里研究学问的，又是从遥远的异国专程而来，钱虽然不多，但我怎么能要呢?”维勒深受感动——贝采里乌斯的影响力也可见一斑。

1835 年 12 月，感到寂寞的贝采里乌斯终于想到了结婚，此时刚被授予男爵爵位的新郎已经 56 岁了。新娘是当时瑞典国务大臣波比乌斯的长女，时年 24 岁。他们举行了豪华的婚礼，政府官员、科学家、社会名流以及他的学生们都来祝贺。

此时的贝采里乌斯的化学成就虽然已经闻名国际，但是在经济上还是非常拮据的。他长期居住在一间地下室里，房间已经够小了，还不时有学生来与他讨论功课，晚上太晚了就借宿在他家的客厅里。贝采里乌斯睡觉时鼾声很大，不过这些学生早已习惯，习以为常了。当新娘子蜜月归来，旋即发现丈夫的家几乎成了乞丐屋，二十多个学生睡卧在每个角落，未清洗的碗盘、衣服高高地堆叠着。一对新人只得一起动手清理。

贝采里乌斯夫妻没有孩子，他们把学生当成自己的孩子。贝采里乌斯曾写道：“在我的眼中，学生比任何成就更重要。至于我，只要睡醒时看到头上有天花板、脚下有地板就满足了。”

贝采里乌斯在瑞典皇家科学院发表的最后一次讲演中说道：“我对上帝充满了感恩，我觉得自己是最幸福的一个男人。”

12 没有上过学的科学泰斗

——苯的发现者法拉第

◇……………………

法拉第

两种方法可以产生电：第一种方法是由化学物质发生化学反应而产生。这是意大利科学家伏打发明的。他把含食盐水的湿抹布，夹在银和锌的圆形板中间，堆积成圆柱状，制造出最早的电池——伏打电池。另一种则是由机械运动而产生的，1821年英国物理、化学家迈克尔·法拉第（Michael Faraday，1791—1867）提出“电能生磁，那么磁也应该能生电”的大胆设想，经过长期艰苦的探索而发明的。

当时，法拉第把磁铁、电池、线圈和电流计放在一起弄来弄去，弄了很久，都没能弄出电来。直到1831年8月的某一天，他在一个圆形软铁环两边绕上两组线圈，当其中一组线圈同伏打电池接通或切断的瞬间，串接在另一组线圈中的电流计出现了摆动。“生电了！生电了！”法拉第高兴极了，在实验室里手舞足蹈！

法拉第是第一个向全世界送电的人，是他完成了电与磁的转化，创立了“电磁感应定律”；是他在伏打的基础上完成了电与化学物质的转化，创立了“电解定律”。不仅如此，他在化学上的重大贡献还在于发现了多种化学物质，成为世界科学界的泰斗级的物理、化学家，成为英国皇家学会会员，获得伦福德奖章和皇家勋章，拥有维多利亚女王赠予的宽大寓所。

然而，法拉第却是没上过学，是完全没有经过专业训练的学徒工出身。

1. 启蒙者竟是一本书

法拉第天生是个可怜的孩子，他的父亲是英国伦敦的一个铁匠，由于家境贫寒，父亲压根就没打算让他去念书，给他安排的职业就是当一名手工艺工人，能维持正常的生活就行了。法拉第的童年是在望着铁匠的炉火，听着“叮当”的锤声中度过的。9 岁那年，父亲因劳累过度不幸去世。为了减轻生活负担，法拉第到一家文具店当学徒。四年以后，经人介绍来到伦敦一个订书铺里当报童，他按照老板的吩咐每天把报纸送给租阅的人，到时再取回来。他没有别的奢望，感到跑街送报也还不错，闲暇时还可以学着看看报纸，看完的报还可以卖掉。法拉第办事认真的态度和良好的职业道德深得老板的赞赏，便与他订了 7 年合同。从此，他当上了订书铺里的订书工，老板安排他负责装订科学类书籍，没想到的是，这些科学类书籍竟成就了法拉第的未来。

装订场所的工作条件很差，工作也很累，但订书铺里书籍堆积如山。久而久之，法拉第接触到的有价值的图书越来越多，慢慢地发现图书里有许多他过去根本无法知道的知识。他无法抵御来自知识的强烈吸引力，只要有空，就会如饥似渴地阅读各类书籍。老板看着这样一个勤奋好学的徒工很是高兴，便跟他讲：“迈克尔，你好好读吧，咱们有的是书。”法拉第得到了老板的支持，更加疯狂地学习。几年的时间，法拉第饱读了当时许多高等文人才能读到的书籍。一些哲学书籍常常引起他的深思，而科学类书籍更把他的爱好引到科学轨道上去。他阅读了物理、化学、天文、地质等方面的多种著作，汲取了许多自然科学方面的知识。

《化学对话》是女科学家马尔希特夫人所著的一部科普读物，

这本书被送到了订书铺里进行装订。书中文字生动活泼，给人们展现了一个神奇、奥妙无穷的化学世界，展示了各种奇特的化学物质，收录了发现元素的化学家的有趣故事，描绘了物质的组成、分光镜的奇妙、化学药品的奇异的医疗效果……法拉第的好朋友——格平小声向他建议："法拉第，我这有一本《化学对话》，写得非常动人，你如果感兴趣，我可以抽出来，放在你的台子上。"下班铃响了，嘈杂的工场变得安静了，法拉第独自坐在工人午休的小工棚里，借着昏暗的灯光，开始阅读。法拉第完全被这部书的内容吸引住了，他如饥似渴地读了下去。

突然，有人敲窗子，法拉第一抬头，他惊呆了，原来天已大亮，站在窗外的是他年迈多病的母亲。"妈妈，我懂得了一门奇异的科学，它叫化学，非常有用，我将来要研究化学！"法拉第兴奋地向妈妈说道。马尔希特夫人的《化学对话》法拉第一连看了七遍。他万万没有想到，这样一个十分偶然的机遇，使他真的走上了研究化学的道路。

2. 偶得机遇和幸运

英国皇家学会聚集了众多的顶级人才，会员们都乐意把自己的科技书籍送来装订，法拉第所工作的书店也因此而出名。法拉第对工作一丝不苟，手艺出众，态度和气，赢得了顾客的好感。这无意中为法拉第接触科技提供了便利的条件，他在书店里工作了 7 年，犹如上了 7 年学，随着知识的增长，他的求知欲望也更旺盛，他寻找各种机会学习。

1810 年的春天，法拉第走过一家店铺的门口，看见窗户上贴着一张广告：每晚 6 时将有关于自然哲学方面的演讲，听讲费每次 1 先令。法拉第在哥哥的资助下连续听了 12 讲。这是他唯一较系统地接受的科学教育。

伴随着知识的增多，法拉第对科学的热情越来越高涨，甚至达到了不顾一切的程度。法拉第听说皇家研究院主任、化学家戴维教授的演讲很著名，于是他产生了一个很奢侈的想法：去听戴维教授的演讲。一个订书工要听在世界上享有盛名的化学家、英国伦敦的著名演讲家的演讲，简直是不自量力、超乎想象的事情了，法拉第实在不敢想下去。正巧书店中有位叫德恩斯的顾客，他与法拉第同样热衷于科学，两人成为很要好的朋友。德恩斯知道了法拉第的苦恼后，决定想办法帮助这个订书工。几天后，德恩斯给法拉第送来4张千辛万苦得来的入场券，法拉第激动不已。

1812年2月的一个晚上，法拉第生平第一次跨进皇家学院的大门，坐在阶梯形的演讲厅里，他的心情紧张而又兴奋。戴维终于出现了，大厅里响起一阵阵热烈的掌声。戴维讲的题目是发热发光物质，讲得那么轻松，却又那么透彻。他精神抖擞，神采奕奕，天才的光华和热力，似乎正从他的身上向外辐射。法拉第被深深地吸引住了，他飞快地记着，笔记本翻过一页又一页。这4次讲座，对法拉第来说好像游历了美丽、庄严、圣洁的科学殿堂，那里阳光灿烂，照得他心里透亮、温暖。他把每次听讲的内容整理后，再誊写到一个笔记本上，可以引申的地方都加以补充。对某些实验他还按照戴维的方法做了一遍，把实验结果也记载到笔记本上，最后糊上漂亮的封面装订成册，以便经常翻阅。

在戴维的影响下，法拉第对科学充满了渴望，梦想能有从事科学研究的机会。这年10月，法拉第学徒期满，他决定写信给当时的英国皇家学会会长班克斯爵士，想在皇家学院找个工作，哪怕在实验室里洗瓶子也行。可是他心神不宁地等了整整一个星期，音信全无。他忍不住跑到皇家学院去找班克斯爵士打听，没想到得到的回音是：你的信不必回复！冷冰冰的一句话使这个初生的“牛犊”受到了侮辱性的打击。法拉第感到很伤心，但他毫不气馁，继续寻求机会。

在失落与迷茫之中，法拉第突发奇想：为什么不和戴维联系一下，或许会有什么奇迹呢？经过反复琢磨，终于他鼓足勇气给陌生的戴维写了一封信，并于1812年圣诞节的前夕寄了出去，同时他还捎上了精心制作的“戴维爵士演讲录”。奇迹发生了，法拉第得到了戴维爵士的约见，并答应给他争取机会。1813年3月，21岁的法拉第开始在皇家学院担任实验室助理，他的工作包括帮助戴维做实验研究、维护设备和帮助教授们准备讲座稿。他很珍惜这份工作，尽管他常常受到冷落，尽管工资也比书籍装订工少，但是他觉得自己仿佛在天堂一般，因为他知道，他的科学生涯即将开启。

法拉第担当戴维的助手的工作很出色，他每天从早到晚都待在实验室，把一切都安排得井然有序，渐渐地，取得了皇家学院科学家们的信任，并且被允许独立操作重要的实验。戴维对法拉第的工作也非常满意，他认为，法拉第是一个忠于职守的人。

1813 年秋，法拉第作为仆人和助手随新婚不久的戴维夫妇访问法国，并游学欧洲。在这期间，法拉第沿途领略了自然风光，拜见了当时名扬欧洲的大科学家，在巴黎见到了安培，在米兰见到了伏打，在日内瓦见到了利夫……法拉第能在一旁倾听他们的交谈，其兴奋之情简直和第一次进皇家学院听戴维的报告一般。这样的旅行持续了一年半，法拉第记了厚厚的两大本笔记。就这样，法拉第在恩师戴维那里完成了他的“大学学业”。

3. 就此开启了辉煌人生

经过这次欧洲的游学，法拉第以他的聪慧、勤奋和对科学的执著，再次博得戴维先生的认可和好感，赢得了戴维先生的信任。1814 年回国后，经戴维推荐，法拉第正式被著名的皇家学院录用，担任了实验室管理仪器的助教，开始了独立的科研工作，主要研究物理、化学方面的问题。1816 ~ 1819 年共发表了 37 篇论文，到 1820 年，他已是一位小有名气的科学家了。

法拉第的第一篇论文发表于 1816 年。当时戴维出于对托斯卡那区域的土壤成分的好奇，便让法拉第分析土壤的成分，并将结果写成论文发表。这是法拉第科学生涯的处女作，他忐忑不安，在论文中如此写道：“戴维先生建议我把这项研究作为我在化学领域中的第一次实验。当时，我的恐惧多于信心，我从未学习过怎样写真正的论文，但对分析结果的准确描述，将有助于读者对托斯卡那土壤的了解。”

随着工业生产的发展，探求合金材料的性能逐渐成为工业的需要。1819 年，法拉第在斯达特的资助下，在皇家学院实验室中建造了一个小小的冶炼炉，开始了他对合金的研究。首先炼出的是铁镍合金，后来又发现了铂、钯、锗、银、铬、锡、钛、锇、铱等多种金属与铁的合金。1820 年，法拉第又合成了二氯乙烷和六氯乙烷。受当时有机化学发展的制约，法拉第把这些合成物叫做“氯化碳”。

法拉第的成果不断涌现，他的才能逐步为人们所认识。1821 年，他被提升为皇家学院实验室的总负责人，与他的恩师戴维精诚合作，致力于气体液化问题的研究，他们成功地使 CO_2、SO_2、H_2O、NH_3、N_2O_3等气体液化，还曾试图制取液态氧和液态氮，但这方面的研究没有取得成功。同年，法拉第发现了电磁感应定律，还做成了一种实验仪器，使磁针不停地绕着通电导线转动，从而确定了电动机的原理。

4. 重碳氢化合物的发现

由于法拉第在科学上的重大发现，1824 年他被选为英国皇家学会会员，这次当选中戴维投下了唯一的反对票，尽管如此，法拉第一生中对戴维仍然非常尊敬，直到导师戴维去世。1825 年，法拉第接替戴维任英国皇家学院实验室主任。也就在这一年，法拉第发现了苯，使法拉第成了世界知名的化学家。

1825 年 6 月 16 日，在英国皇家学会举行的一次学术会议上，法拉第宣读了他发现苯的论文，叙述了他从复杂的混合物中分离出这种碳氢化合物的经过，还介绍了这种化合物的性质和测定组成的方法及结果。当时的法拉第只有 34 岁，但是他已经在皇家研究院工作了 12 年之久。

法拉第用来分离苯的原料是一种油。在当时，伦敦城为了生产照明用的气体（也称煤气），通常是将鲸鱼或鳕鱼的油滴到已经加温的炉子里，以产生煤气，然后再将这种气体加压到 13 个大气压，把它储存在容器中，供各方面使用。在压缩气体的过程中，同时得到了一种副产品——油状液体。

法拉第很奇怪——这种油状液体是什么物质？为了探查究竟，法拉第设法弄到了数量相当可观的油状液体，细心地一点一点地进行蒸馏，把气体冷凝成各个组分，每隔 10℃更换一次接收容器。他觉得这样做还不够细致，于是再重复地精制这些馏分。他发现在

80～87℃区间内出现了比较恒定的沸点，蒸出大量的液体时，温度没有多大变化。而在蒸馏其他组分时，温度很容易升高很多。这一点启发了法拉第，他继续研究在这个温度区间内获得的固定组分的物质，最后终于分离出一种新的碳氢化合物。

学术会议上，法拉第详细描述了这种碳氢化合物：在一般的条件下，它是一种无色透明的液体，略有香味。当把这种液体放在冰水中冷却到零度时，它就会结晶变成固体，在玻璃容器的器壁上长出树枝状的结晶。如果从冰水中取出容器，让温度慢慢上升，这种固体在5.5℃时熔化。如果把熔化后的液体暴露在空气中，最后它会完全挥发。

法拉第还测定了这种液体的组成、熔点、沸点和比重，把它称为重碳氢化合物（即苯）。他还观察到苯不导电，微溶于水，易溶于油、醚和醇；在一定条件下，让氯气与之作用，会生成两种物质，一种是结晶，另一种是黏稠状的液体，它们无疑是对二氯苯与邻二氯苯。法拉第是第一位分离出“苯”这种碳氢化合物的化学家，而且第一次研究了苯的性质，测定了苯的组成，发现苯的功劳应该归于法拉第。

5. 电解定律的发现

在1831～1834年间，法拉第进行了一系列的电解实验，实验现象使法拉第意识到：电解出的物质的数量与通过的电流量之间存在着某种关系。他知道电解时很难避免副反应，所以要找出这种关系必须克服副反应，而且还得能测定电流量。经过反复试验，法拉第在电路中串联了一个电解水的电解池（这里没有副反应），他测量了“每电解出1克氢气时，在与之串联的电解池中电解出的各种物质的质量”。他发现：电解出的某种物质的质量只与电流量成正比。而电池中极板的数目、大小以及电解池中电极的大小和距离，只会影响电解的速度，对电解出的物质的质量没有影响。

这个研究结果，发表在1834年1月的《皇家学会哲学学报》上，在论文中，法拉第第一次使用了沿用至今的像“阳极”、“阴极”、“电解质”和“电解”等专用名词。

法拉第无论在物理学上，还是在化学上都是硕果累累。然而，他淡泊名利，一生只为默默地研究科学。1857 年，法拉第接到出任英国皇家学会主席的邀请，不过他拒绝了；他还拒绝英国维多利亚女王册封他为骑士。1864 年，法拉第辞去了所有职务，三年之后，法拉第在女王赠予的宽大寓所内病逝。

没有受过任何正规训练的法拉第，在世时曾经获得超过 50 个学术组织的荣誉，但他的墓碑上，应其要求只简单地写了一个名字——迈克尔·法拉第。

13 获诺贝尔化学奖最多的学派
——化学之父李比希

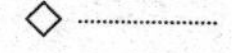

李比希

最早的60名诺贝尔化学奖获得者中，出自德国化学家尤斯图斯·冯·李比希（Justus von Liebig，1803—1873）门下的徒子徒孙竟达42人，这是个令人吃惊的统计。迄今为止，这个学派及其继承者所获得的诺贝尔化学奖最多，在化学上的建树也最多。此外，还有好多如凯库勒、路易斯、费歇尔、武兹等为人类做出巨大贡献的世界著名化学家也出自李比希门下。人们反复探寻其中的秘诀，终于从李比希的人生轨迹中得到些许领悟，他认为：只有那些在实验室能够再现、模仿的东西，只有那些亲眼看到并能亲自研究过的东西，才是有意义的。这就是李比希认识世界的有效途径，这就是这个学派能够领先世界的奥妙所在。

1. 被学校开除的学生

李比希之所以能够自悟出独特、有效地认识事物的方法，与他的成长环境有很大的关系。他的父亲是经营医药、染料、颜料和化学药品的商人，有些货物需要自己制造，所以店里的活很多，李比希不得不经常帮助父亲做事，尤其是化学药品的制备。久而久之，李比希渐渐地体验到化学的神秘，在实验中练就了很强的实验能力和观察现象的能力，激发了他的想象力和学习化学的兴趣，也养成了活泼、敏捷和勤劳的性格。在李比希看来，做实验是获取知识的唯一途径，而学校里的那种说教式的教学模式，把原本生动有趣的知识变得索然寡味。所以他对学校里的学习很反感，也就愈加心不在焉，漫不经心，而老师则认为这是玩忽学习。李比希曾多次被校长点名批评："你这样的学生，在学校给老师添麻烦，在家里要父母操心，这样闹下去，将来长大了怎么办?"李比希却挺起身子，不假思索地答道："我要成为化学家!"话音未落，引来哄堂大笑。

李比希对化学的钟爱已是超乎想象，只要是与化学有关的他都特别喜欢研究，他竟然在集市上从卖灵丹妙药的人那里学会了制造炸药的方法，而且常背着老师，把自制炸药带进教室，以便在休息时拿去玩。有一次在课堂上，正当老师专心地推导一条定理时，突然教室里发生了可怕的爆炸，吓坏了老师和同学，同时一股浓烟冲向校长的办公室，校长也吓得目瞪口呆、不知所措。

终于，在李比希 15 岁时，他被学校开除了。

2. 被药店解雇的学徒

被学校开除以后，李比希的父亲严厉地指责他："看来你是学不出什么名堂了。干脆送你到药房当学徒吧，至少你自己可以挣钱糊口。我的同行皮尔施需要一个助手，明天就到他那里去吧。这回让你自己出去碰碰钉子，或许你会明白恶作剧的结果是什么了。"

在药房里，李比希凭借自己的勤劳和动手能力成了皮尔施的得力助手，皮尔施对他很信任，允许他独立地干些事。李比希在阁楼上摆满了各种化学药品和仪器，只要有空闲时间他就待在这里鼓捣化学实验，很快就有了新的发现。李比希找到了一种物质：它具有酸的种种性质，其银盐和汞盐都能爆炸。他想，这种东西制成炸药一定很值钱，决定多制造些这种物质给家里送去。

几天过去了，他的确制备出来了。因为没有专门的器具盛放，就把产品装在旧手榴弹的空壳中，然后放在离壁炉不远的一个角落里。原来湿的物质很快就变干了，然而小伙子万万没想到，这种物质在干燥的情况下只要轻轻碰一下就会发生爆炸。

几周后，李比希做实验时，不慎把使用的研杵从桌上滚下，恰恰落在那个装有炸药的弹壳上，剧烈的爆炸震动了整个药店。当李比希睁开眼睛的时候，才明白自己已经躺在对面的墙边，身上盖满了塌落下来的砖块和灰土，头上的屋顶全部没有了，看到的是满天星斗和黑蓝的天空。药店的主人吓得发抖，不敢上阁楼。“李比希，你真是发疯啦！幸好我们还都活着。”皮尔施太太流着眼泪责备他，“我要教训一下这个混蛋，叫他收拾自己的东西滚开吧。”就这样，李比希又一次品尝了被开除的滋味。

3. 雷酸汞成就了人生

父亲知道发生的事故后对李比希的前途很是担忧，李比希也为发生事故深感懊悔，但却丝毫没有改变他对化学的追求。他多次请求父亲送他到大学学习化学，尽管家里有一定的困难，无奈的父亲还是决定让儿子做最后一次尝试。这样，李比希终于有希望名正言顺地学化学了。1820 年，李比希如愿以偿地进了拥有德国最好的化学教授的波恩大学学习。

德国波恩大学

然而，这些有名的教授仍然采用说教式教学，学生只能静静地听，这种陈旧的教学方式令他十分失望。灰心丧气的他转入埃尔朗根大学，并把目光再次转移到炸药上，他利用有限的条件开始了对炸药的深入研究。他把水银溶入硝酸中，再将酒精逐滴加入生成的硝酸汞中，结果析出了略带暗褐色的晶体，这就是雷酸汞。用同样的方法，他还制得了雷酸银。随后他又进行了雷酸汞爆炸性能的研究。他的第一篇论文就此诞生了。1822 年，他的博士论文的题目正是《论雷酸汞的成分》。

雷酸汞的爆炸性能有可能运用于军事领域，所以很快引起了黑森大公国路德维希一世的注意，他决定帮助这个年轻人实现对化学的追求。1822 年，大学尚未毕业的李比希，受路德维希一世的资助离开德国而“朝圣”巴黎。在巴黎，如饥似渴的李比希幸运地听到了许多著名教授的演讲，他领略了化学家的风采，获得了大量的化学知识。但美中不足的仍然是缺少进入实验室学习的机会，在当时，因为实验室资源稀缺，只有少数学生能够在教授的个人实验室里学习。

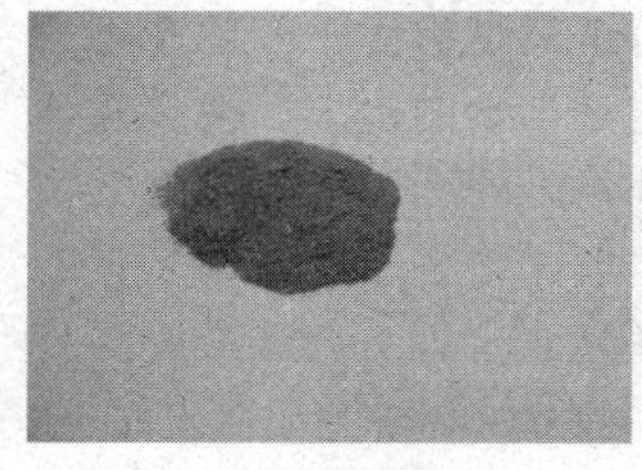
灰色雷酸汞样品

为了能够进入实验室学习，年轻的李比希不放过任何与名家交流的机会，积极参加巴黎的各种学术活动。在一次学术会议上，李比希宣读了过去的研究论文，引起当时世界著名的德国地理学家洪堡的注意。经洪堡引荐，李比希进入了盖-吕萨克的私人实验室进行研究——幸运之门终于向他敞开了。李比希得到了盖-吕萨克的亲自指导，他如鱼得水，进步很快，他的学业得到导师的频频肯定。

在盖-吕萨克实验室的两年中，李比希在研究各种有机化合物的同时，借助良好的实验条件，系统地完成了对雷酸盐的研究，他发现用烘焙过的苦土（MgO）与雷酸盐混合，可以非常有效地防止雷酸盐爆炸。这一发现，标志着人类进入了控制和利用雷酸盐的时代。李比希在 1823 年 6 月 23 日向法国科学院报告了他的研究成果。当时，会议主持人洪堡教授对李比希说：“您的研究不仅本身具有重要意义，更重要的是这一成果使人们感到，您是一位有杰出才干的人。”

1824年，李比希回到德国，经洪堡和盖-吕萨克的推荐，年仅21岁，连中学、大学都尚未正式毕业的小青年就任吉森大学副教授，两年后升为教授。

4. 化学实验教学之父

李比希根据自己的实践经验，极力倡导化学实验教学模式。他指出：学习化学的真正中心，不在于讲课，而在于实际工作，化学知识只有从实验中获得才具有活力。然而，担任吉森大学的化学教授以后，李比希诧异地发现：德国大学中的化学教学仍然是与自然哲学混杂在一起讲授，实验条件更令人担忧，全国只有汤姆生设立的一处实验室，只能接受一两名学生做专题研究。

李比希实验室

为了改变这种状况，李比希决定着手实施一项前所未闻的计划，那就是改革探索造就新一代化学家的方法。李比希认为：只有加强化学实验室的建设，加强化学教学法的研究，才能使化学真正具备实验科学的特色。经过两年的艰苦努力，李比希在吉森大学建立了一个完善的实验教学系统。他建立了可以同时容纳22名学生做实验的实验室，这里后来被称为“李比希实验室”；他设计的教室可以供120人听讲，讲台的两侧设有各种实验设备和仪器，可以方便地为听讲人做各种演示实验。为了改善实验条件，李比希还设计和改进了许多化学仪器，如有机分析燃烧仪，李比希冷凝球、玻璃冷凝管等等。这些仪器方便耐用，所以德国的仪器制造商纷纷大量仿制，并向外国输出。

为了发展化学教学，李比希还为实验室教学编制了一个全新的教学大纲，它规定：学生在学习讲义的同时还要做实验，先使用已知化合物进行定性分析和定量分析，然后从天然物质中提纯和鉴定新化合物以及进行无机合成和有机合成；学完这一课程后，在导师指导下进行独立的研究作为毕业论文项目；最后通过鉴定获得博士学位。李比希这种让学生在实验室中从系统训练逐步转入独立研究的教学方法，在此之前并未被人们认识到，后来为各国所仿效。因此，李比希也是近代化学教育的创始人。

李比希实验室的蒸馏装置

李比希的实验室科研和先进的教学方法，培养出一大批一流的化学人才，吉森大学成为当时世界化学的中心，他的实验室成为各国化学家的圣地，并形成了吉森学派。

5. 改变化学学科地位

在当时的德国，所谓的化学家只不过被认为是在肥皂作坊中的伙计，或染色作坊的工人，是一个很卑微的职业；甚至还有不少人把化学视为“魔术”，把研究化学的人称为“巫师”或“魔怪”。1839 年后，李比希应社会之需而转向应用研究，从而改变了世人对化学家的认识，也为自己赢得了巨大的社会声誉。

1852 年，李比希一个朋友的女儿患上霍乱，他发明了浓缩肉汁来治疗这种急性消化道传染病。一开始，只有慕尼黑的一些药店卖浓缩肉汁。后来，有人从李比希手中买来了生产浓缩肉汁的许可，开始在乌拉圭大批生产浓缩肉汁，并向全世界推销。起初他们打算将浓缩肉汁当作穷人食品卖，但是由于其成本比较高、营养丰富，后来成为调味品的主要成分。

当时的婴儿唯一的食品是母乳，如果母亲因健康或其他原因没有奶的话，婴儿往往会被饿死。李比希在长期研究后，又发明了一种被他称为“婴儿汤”的产品。李比希还花了许多时间和精力，专门研究可取代烤面包时使用的容易变坏的酵母的方法，他与他的美国学生通过实验，终于发明了今天被称为“发酵粉”的产品。

基于对醛类化合物的研究，李比希还发明了银镜子来取代当时常用的对健康有害的水银镜子。不过，一开始由于成本问题，他的银镜子竞争不过水银镜子。直到1886年，水银镜子因其毒性被禁止后，银镜子才开始普及。

在李比希的实验室中，他与其助手、学生改进了许多化学分析方法，大大提高了物质分析的速度。他们研究了上百种植物、植物组织、动物器官和产物的组成，奠定了有机化学的基础。当时，农业生产主要靠自然条件和腐殖质为养料，时常爆发饥荒。后来人们发现发生过战争、有许多死尸的地方庄稼长势特别好，慢慢意识到尸骨具有“肥田”的效果。为了生存，不得已出现了以获取磷肥为目的的“盗墓风”。另外，学术界流传着“腐殖质”理论，也严重地限制了农业的发展。

李比希在进行有机化学研究的过程中，提出“植物矿质营养学说”，指出植物机体内的钾、磷酸盐等成分都来自土壤，提出了通过无机矿物质来恢复土壤肥力的施肥化学原理。在实验中，他把在水里溶解度很大的碳酸钾，转变成溶解度较小的状态以提供钾元素；把在水里溶解度很小的磷酸钙，转化为溶解度较大的可溶性状态，最后获得成功。他研制的产品——过磷酸钙，今天依然是世界上使用最多的磷肥。这些肥料在19世纪后半叶极大地提高了农作物的收成和食品供应状况。

随后，李比希1840年出版了《有机化学在农业和生理学中的应用》（简称《农业化学》），1842年出版了《动物化学或者有机化学在生理学和病理学中的应用》。这两本书当时不仅在科学界，甚至在整个知识分子阶层都获得了巨大的反响，把应用化学推向了巅峰。《农业化学》倡导使用化学肥料，并解释了化学肥料对农作物的质量和成果数量的意义。这本书重印了9次，被译成34种语言。

6. 李比希的“错误之柜”

液溴和溴水样品

在法国著名化学家巴拉尔发现元素溴的四年前，德国一位商人将一瓶棕红色的海藻灰的滤液交给李比希，商人希望李比希能分析说明这瓶液体的成分。以李比希的实验设备和实验技术，完全有条件完成这项工作。但是，李比希根本就没有做认真的化学分析，只在手中晃了一下，就匆忙断定为“氯化碘”，然后就把这瓶液体放在柜子里，一放就是四年。

1826 年 8 月 14 日，法国的巴拉尔宣布：在氯和碘之间存在着一种性质与之相似的元素，这就是溴元素。巴拉尔的这一发现震惊了化学界。李比希看到报告后，顿时想起四年前他放到柜子里的那瓶棕色液体，他赶紧找出来认真地进行了化学分析，分析结果使他懊悔至极。原来，那瓶棕色液体的成分正是巴拉尔发现的新元素溴。如果四年前李比希采取严谨的科学态度，认真分析那瓶棕色液体，那么发现元素溴的不是巴拉尔，而将是李比希。

一个重大的科学发现，与李比希失之交臂，他恨自己粗心大意，恨自己缺乏严谨的科学态度。他为了告诫自己，特别把那瓶棕色液体放在原来的柜子里，并把柜子搬到大厅中，在上面贴上一个工整的字条：“错误之柜”。

李比希用“错误之柜”警醒自己，教育学生。对待错误，李比希有着鲜明的态度：“对于犯错误一点不要害怕。相反，不犯错误倒是可怕的。因为不犯错误就意味着停顿……一旦认识到自己的错误时，不要等到天亮就立即改正它。”

李比希逝世后，学术界对他十分怀念。人们把吉森大学李比希工作过的地方，改为“李比希纪念馆”，把李比希当成有机化学、生物化学和农业化学的开路人。

14 填补了无机和有机鸿沟的人

——维勒与人工尿素

◇

维勒

在元素的发现史上，记载着这样一个著名的“求爱故事”：在古代遥远的北方，住着一位美丽的女子，她很美，又非常勤劳，她叫凡娜迪斯。一天，有个小伙子来敲她的门，女神想：“让他再敲一会儿吧。”但是，她没有再听到敲门声，女神来到窗前，惊奇地望着匆匆而去的小伙子，不免小声埋怨：“啊，原来是维勒这个家伙呀！好吧，让他白跑一趟也应该，谁叫他缺乏耐心呢！”又过了几天，另一位小伙子来敲门，不但敲得坚定，还干脆有力，有股不达目的不罢休的韧劲。女神感动了，站起来为他开门，热情地邀他进屋。小伙子长得真帅，很有礼貌，和凡娜迪斯一见钟情。相识不久，两人便结婚了，生下一个活泼的小男孩，起名叫元素钒。这位小伙就是塞夫斯特莱姆。

这个故事是瑞典化学家塞夫斯特莱姆成功发现过渡金属元素——钒后，他的导师贝采里乌斯写给另一名学生——维勒（Friedrich Wöhler，1800—1882）的信。1823 年，维勒留学瑞典期间，受命分离、分析含钒的矿石，因为他的粗心而与钒失之交臂。

1828 年秋，分析褐铅矿时又获得一种新的未知物，维勒估计是一种新的金属单质，但因刚好吸入氟气中毒而未能继续研究下去。维勒病愈后，他的研究兴趣又转移了。

后来，瑞典化学家塞夫斯特莱姆继续维勒留学时未完成的工作，终于在 1830 年宣布发现了钒元素。维勒闻讯，马上将 1828 年的未知物给导师寄过去。贝采里乌斯告诉他，那正是刚宣布发现的钒。维勒自称“糊涂虫”，为自己两次错过科学的机遇而痛心不已。但是，维勒作为世界一流的科学家，不断地演绎着自己的精彩人生。

1. 因化学而惹怒父亲

维勒的父亲是德国很有名气的医生，性情沉着稳重，但对孩子的要求很严，他希望自己的孩子能成为一代名流。少年时代的维勒智商、情商都很高，对自然景物、人物风情充满热爱，他经常有板有眼地借诗歌、美术来抒发自己的感情。

中学时代，维勒更加热衷于河流、大山、森林，他收集了很多矿物标本，为了弄清楚这些矿石的成分，他自己设计实验进行探究，他对化学实验非常感兴趣，在各门学科中也是最喜欢化学了。

在维勒居住的房间里，放满了各种各样的岩石、矿石和矿物标本，屋角摆放着一堆堆的实验仪器，有玻璃瓶、量筒、烧瓶、烧杯，有打破的曲颈瓶以及钢质研钵等，他的房间简直成了一间实验室和储藏室。维勒的这些行为引起了父亲的极大不满，父子俩为此事经常争吵。然而，父亲的干涉无法阻隔维勒兴趣的发展，被激怒了的父亲禁止他再做化学实验，没收了他的《实验化学》一书。

维勒很是伤心，无奈的他找到布赫先生寻求帮助，布赫先生也是一名医生，是父亲的好朋友。布赫医生早年也曾对化学发生过极大兴趣，在他那里存放着许多著名学者编著的化学教科书和专著，还有不少柏林、伦敦、斯德哥尔摩科学院的化学期刊。布赫医生说服了维勒的父亲，并把这些珍贵的化学资料提供给维勒阅读。维勒如获至宝，不知疲倦地从中吮吸着丰富的化学知识。

维勒这种旺盛的求知欲重新激起了布赫对化学的兴趣，他们经常讨论感兴趣的化学问题，化学知识在他的头脑里聚集着，他们成了志同道合的忘年交。布赫医生还很注意启发维勒的思想，经常对他说："如果想要成为科学家，你就应当具备许多知识，要什么都知道……"这段交往历史，对维勒中学阶段的学习起了良好的作用，促进他更加勤奋地钻研各门功课。

2. 医学院里的化学成果

1820 年，维勒以优异的成绩从中学毕业了。维勒按照父亲的意见，选择了学医，20 岁的维勒顺利进入马尔堡大学医学院。在大学里，维勒非常用心地攻读所有的功课，但他仍然忘不了化学实验，他在宿舍里建立了一个小的实验台，空闲时间几乎都是在这个实验台上度过的，他的第一项科学研究就是在那间简陋的大学宿舍里成功的。

马尔堡大学医学院一角

夜深人静了，维勒还在那个实验台前沉思着。他把硫氰酸铵溶液逐滴加入硝酸汞溶液中，烧杯里出现了白色沉淀。根据他掌握的化学知识，他知道这种白色沉淀是硫氰酸汞。经过过滤，他把沉淀物放在一边，想让它自然干燥，自己先躺下去睡觉。但他还是想着实验的事：硫氰酸汞沉淀干燥后会是什么样呢？于是干脆爬起来，将一部分硫氰酸汞放在瓦片上，靠近壁炉里的炭火。不一会儿，瓦片烧热了，上面的白色沉淀“噼啪”作响，最后变成粉末状物。维勒继续加热，硫氰酸汞开始剧烈膨胀，形成棕褐色物质，而且像蛇一样飞快地向外翻滚而去。反应停止后，剩下了一块硬而脆的棕褐色物质。如此壮观而罕见的实验现象使维勒异常兴奋，激动得又度过了一个不眠之夜。

硫氰酸汞分解后的产物

经过几个月的深入研究，维勒在论文中详细地描述了这个现象，后经布赫医生推荐，发表在《吉尔伯特年鉴》上。这是他的第一篇研究论文。该文发表后，立即引起了瑞典化学家贝采里乌斯的重视，贝采里乌斯在他主编的《物理、化学年度述评》中以十分赞许的口吻对维勒做了肯定性的评价。

3. 穿梭于医学和化学

列奥波德·格梅林是德国海德堡大学享有盛名的化学教授，出于对格梅林教授的敬仰，维勒毫不犹豫地于 1821 年转入海德堡大学，目的就是在学医之余能够跟随格梅林教授进行化学研究。

在海德堡大学，他跟随生理学家蒂德曼教授从事医学实验研究，同时还在格梅林的实验室里工作，维勒穿梭于两位教授之间。他把自己的时间安排得满满的，有条不紊地进行着医学和化学的繁多的研究。维勒在医学上表现出了卓越的研究才能，在化学上表现出了较强的领悟能力和扎实的实验功底。他出色的表现，赢得了蒂德曼和格梅林两位教授的赏识，同两位教授结下了深厚的师生友情。

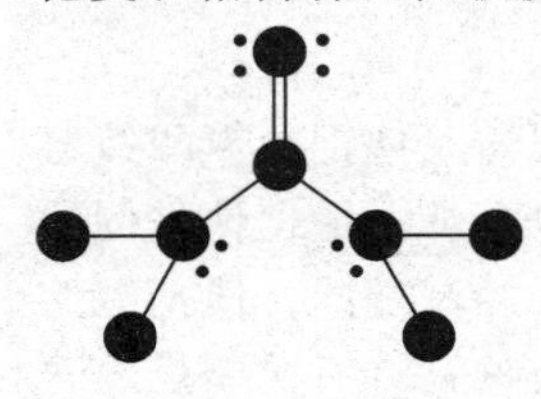

尿素的路易斯结构式

根据蒂德曼教授的建议，维勒把“动物排泄的尿液”作为自己的研究课题。他收集狗的尿液，经过多次蒸发、结晶、提纯，分离出了纯净的尿素。维勒对尿素进行了全面分析，查明了这是一种无色晶体、易溶于水，可以和酸作用，可以和碱作用放出氨气，在加热时属于不稳定的物质。后来，维勒又以自己为实验对象，他不断改变自己的饮食，并收集尿液，测定尿液中尿素的含量，最后找到了能够“引起尿液中尿素含量增加”的食物。这些实验结果，使蒂德曼教授感到十分满意。

1823 年 9 月，维勒通过了毕业考试，他获得了外科医学、产科学博士学位。令维勒闷闷不乐的是，他将要离开格梅林的化学实验室了，这意味着他将失去研究化学的机会。格梅林了解到这位年轻人的心情，于是劝他改行从事化学，并推荐他到瑞典著名学者贝采里乌斯那里去学习和工作。当年冬天，维勒就到了斯德哥尔摩，在这位卓越化学家的私人实验室里开始了工作。

4. 跨越化学上的鸿沟

在贝采里乌斯实验室里，维勒熟练地掌握了分析和制取各种元素的不少新方法。1824 年 9 月，维勒结束了留学生活，告别了贝采里乌斯，回到家乡。由于酷爱化学实验，维勒重新把自己的住所变成了实验室，他还和过去一样，经常和布赫医生讨论化学问题。

维勒想寻找制取氰酸铵的简便方法。他向氰酸中通入氨气，他认为这是制得氰酸铵最好的方法。但结果使他当头吃了一棒，生成物不是氰酸铵，而是草酸。于是他改用氨水与氰酸进行复分解反应，企图制得氰酸铵。然而实验事实又一次戏弄了他，他得到的还是草酸。不过，这次维勒发现了重要线索：生成物中还有一种白色结晶物。他仔细分析了这种白色物质，证明它确实不是氰酸铵。这时，维勒意识到发现了一种新物质。限于他自己的实验条件，他还无法知道这种物质究竟是什么。

为了能有一个条件较好的实验室，他毅然受聘到柏林工业学校去任教。尽管工资待遇不高，居住条件较差，但他很满意这里设备齐全的实验室。

维勒利用这里的实验条件，对在家乡发现的白色结晶物进行了全面分析，发现它并不具有氰酸铵的性质，当把它和从尿中提取的尿素进行比较时，证明是同一种物质。他又用氯化铵与氰酸银反应，用氨水与氰酸铅反应，结果都能得到比较纯净的尿素。维勒认为：这些反应本来是先生成氰酸铵的，后来因受热而转变为尿素。

他把这一发现写成题为《论尿素的人工合成》的论文，发表在1828年《物理学和化学年鉴》第12卷上，这篇论文立即引起了化学界的一次震动。

$$NH_4Cl+AgCNO \longrightarrow NH_4CNO+AgCl$$

$$2NH_3 \cdot H_2O+Pb(CNO)_2 \longrightarrow 2NH_4CNO+Pb(OH)_2$$

$$NH_4CNO(\text{热}) \longrightarrow (NH_2)_2CO$$

尿素的合成

尿素是有机物，尿素的合成给了“生命力论”重重一击。“生命力论”认为：动植物体内存在着一种生命力，只有依靠这种生命力，才能产生出有机化合物；化学家在实验室只能将有机物转化为新的有机物，而不能用无机物制造出有机物。自然界的矿物等无机物亘古不变，是没有生命的；而有机物不同，是有生命的，它们之间有着不可逾越的鸿沟。

维勒的两位老师格梅林和贝采里乌斯都是“生命力论”的宣扬者和维护者。维勒写信告诉贝采里乌斯：“我应当告诉您，我制造尿素，而且不求助于肾或动物——无论是人或犬。”贝采里乌斯回信表示了谨慎的祝贺，并提出了质疑，甚至暗地里讽刺说：“能不能在实验室造出一个孩子来？”

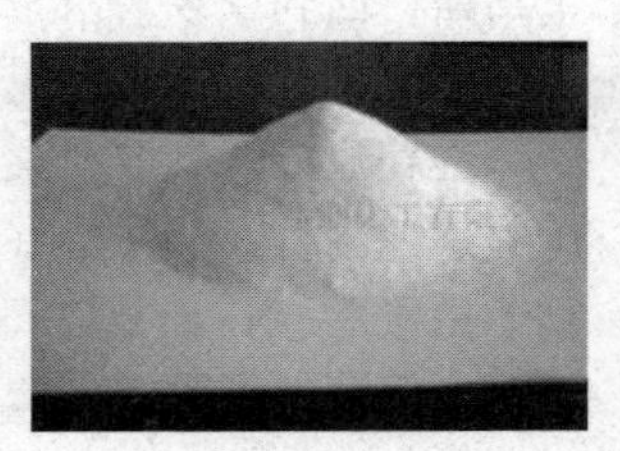

尿素样品

而德国化学家李比希则写道：“我们感激维勒不借助生命力的作用，令人惊奇且在一定程度上难以解释地制成尿素，这一发现必将打开科学中的一个新领域。”

恩格斯曾指出：维勒合成尿素，扫除了所谓有机物的神秘性的残余。人工合成尿素提供了同分异构现象的早期事例，成为有机结构理论的实验证明；这一发现强烈地冲击了形而上学的“生命力论”，填补了无机物与有机物之间的鸿沟，在化学史上开创了一个新兴的研究领域——有机合成。

1845年，维勒带领他的弟子，德国化学家柯尔伯，人工合成了典型的有机物——乙酸。1854年，法国化学家贝特罗合成了油脂类物质。1861年，俄国人布列特洛夫合成出糖类物质，再次冲击“生命力论”。

5. 绝妙的凹凸互补

维勒与化学家李比希的相识源于后者对维勒的无情攻击。1823年底，维勒分析了氰酸银（AgCNO）的组成，而与维勒同时代的李比希在法国研究雷酸盐。李比希偶然发现维勒对氰酸银分析结果竟与自己的雷酸银（AgONC）的分析数据十分一致，但二者性质却全然不同。性情急躁、勇猛好斗的李比希马上发表书面指责，其措辞激烈得让人难以想象。与李比希性格截然不同的维勒，决定相互协商，联手进行再次检验，结果两人都没有错，二人百思不得其解。维勒求教于导师贝采里乌斯，导师出乎意料地给出了一个惊人的概念：同分异构。从此，这个横贯有机化学领域的概念诞生了。

李比希和维勒有着完全不同的成长轨迹，性格、教养也有着天壤之别。李比希性情急躁，直言不讳，争强好斗；而维勒则温厚善良，谦虚谨慎，尊重别人，几乎从不与任何人发生争吵。李比希充满幻想的思维方式和狂热的钻研精神，使他像一员冲锋陷阵的猛将；而维勒则处事冷静，取得结果后，也不忙于发表，总是要经过深思熟虑，反复验证，直到再也找不到任何纰漏和疑点为止。李比希总是风风火火、大刀阔斧，敢于标新立异，尽管由于主观武断曾经犯过不少错误，但却敢于正视并勇于改正错误；而维勒则有着坚毅沉着、足智多谋的学者风范。

李比希和维勒性格上的互补，促进了其在科学研究上相互信任，相互尊重，他们配合默契，不分你我，从未在优先权问题上发生过任何的不愉快，为化学的发展开辟了一片片肥沃的绿洲。他们共同发现了苯甲酰基，为基团论学说提供了有力的实验依据；共同研究了酒石酸的组成和扁桃酸发酵机理；共同制备了尿酸的多种衍生物；他们还研究了苦杏仁油、那可汀、配糖体、乳浊液，一起编辑了对化学发展有着重大影响的《化学辞典》和《李比希化学年鉴》，联名发表了几十篇极有价值的有机化学方面的学术论文。李比希和维勒44年的深厚友谊和亲密合作，不仅结出了累累硕果，为人类创造了巨大的物质财富，而且尝到了一般人体验不到的人生意义和欢乐。

李比希的一生是在激烈的科学论战中度过的，而在争论中经常越过界限，出言不逊，进行人身攻击。李比希曾与贝采里乌斯因争吵而导致关系彻底破裂，作为莫逆之交的维勒做了大量的规劝和调解工作，但由于李比希的过火行为而未果，致使维勒心情苦闷、深感遗憾。李比希也曾为自己的行为辩解："我内心绝不是喜欢争吵，但是一到那样的时机，不知为什么就感到异常兴奋，从心中涌现出一股力量，怎么也抑制不住了。"李比希这种急躁好斗的性格，不利于正常的学术交流，也损害了他的声誉及与同事之间的团结。

贝采里乌斯曾写信告诫维勒："在那些出类拔萃的研究项目中，主角本来是你，然而社会上却传说主角是李比希，把你说成是助手之类的人物，这是应该引起注意的。"对于老师的忠告，维勒回信说："我不得不承认您所说的，我未获得应有的荣誉。然而，如果事物本身因此而有所收获的话，那么个人的荣誉则是次要的，何况事物本身确有所得呢！我与李比希各有所长，只有在共同研究中互为补充，才能有所成就。关于这一点，没有比李比希理解得更深刻的人了。另外，从私人角度说，再没有能像他这样正确理解我这一角色的人了。"这不仅充分体现了维勒不计个人名利的崇高精神境界，也说明他对朋友的信任、理解和宽容。

15 历经百年之后的“争议”

——苯的结构式之谜

◇ ……………

苯（分子式是 C_6H_6）在常温下为一种无色、有甜味的透明液体，并具有强烈的芳香气味。苯是重要的石油化工基本原料，用于合成染料、医药、农药、照相胶片中。苯的产量和生产的技术水平是一个国家石油化工发展水平的标志之一。

苯的发现和发展，可以追溯到1825年，年仅32岁的英国皇家科学院的迈克尔· 法拉第，从当时生产煤气的过程中得到的一种从油状液体中分离出来的苯，并测定了苯的组成。然而，这种新的化合物的结构却长期困扰着学术界。直到40年以后的1865年，德国化学家凯库勒（FriedrichA · Kekule，1829—1896）在发表的《论芳香族化合物的结构》论文中，才提出了苯的环状结构理论。这一理论极大地促进了芳香族化学的发展和有机化学工业的进步，充分体现了基础理论研究对于技术发展和经济进步所起的巨大的推动作用。

1. 震惊世界的“梦”

1890年，柏林市政大厅，这里正在举行庆祝凯库勒发现苯的环状结构25周年的大会，身为波恩大学校长的凯库勒，在大会上首次公开了他举世瞩目的、世界级的“梦”，从而揭开了发现苯的环状结构的秘密。凯库勒在大会上回忆说：“如果大家听到在我头脑中曾经产生的极为轻率的联想，和形成这一概念的经过，一定会感到非常有趣。”他停顿了一下，继续说道：“当时我住在比利时的格恩，我的书房面向狭窄的胡同，一点阳光也透不进来，这对于白天在实验室工作的我来说，没有什么不方便。夜晚，我执笔写着《化学教程》，但是，思维总是不时地转向别的问题，写得很不顺利。于是，我把椅子转向壁炉打起盹来。这时候，在我的眼前出现了一群旋转着的原子，曾经体验过这种幻影的我，顿时敏感起来，立即从中分辨出种种不同形状、不同大小的图像，还有多次浓密集结的长列，就像一群蛇一样，互相缠绕，边旋转边运动。突然间，我看见了什么？仿佛其中一条蛇衔着自己的尾巴，在我眼前晃来晃去，似乎在嘲弄我。我像被电击一样猛地醒来。这一夜，我为整理这一假说忙了剩余的所有时光。”

这个“梦”凭借其原有的趣味性迅速传遍全世界，人们从不去怀疑它的真实性，因为人们更注重的是与“梦”有关的“苯的环状结构理论”的实际价值，凯库勒建立的这个理论解决了科学家几十年的困惑。

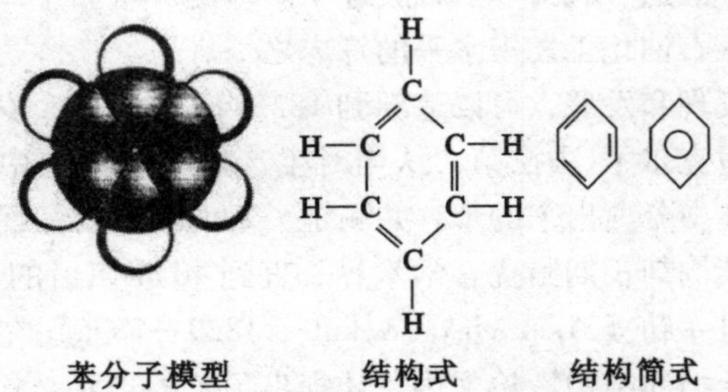

苯分子模型　　结构式　　结构简式

凯库勒在1865年发表的《论芳香族化合物的结构》论文中指出：碳的六个原子形成一个环，环上的氢原子具有完全等同的性能，且可以被其他各种元素的原子或原子团所取代，形成各种芳香族化合物；芳香族化合物其实都是苯的衍生物，它们都是以六碳原子环为核心的环状化合物。在这篇论文中，凯库勒还以苯的结构式为核心，推演列举了当时已知的许多芳香族化合物的结构式。他进一步论述道：当从苯衍生得到各种同分异构体的时候，根据取代原子或取代基的数目和种类，就可以推断出同分异构体的数目以及性质差异等问题。

幸运的是，凯库勒的理论被一步一步得到了证实。关于“苯的六个氢原子都是等同的”假设，1869 年通过拉敦伯的巧妙实验，以及休布纳、彼得曼和乌布列夫斯基等人的实验得到了完美的证实；关于“取代物的同分异构体”的假设，也由科纳以及拜尔、格雷贝、里贝曼、格里斯等人的实验，得到很圆满和很有说服力的验证。

不仅如此，艾伦迈尔和杜阿尔及柯尔纳等人的研究结果又把苯的结构式扩展到萘（$C_{10}H_8$）、吡啶（C_5H_5N）和喹啉（C_9H_7N）等。这样一来，凯库勒理论的根基越来越巩固了，芳香族化学由此开始了惊人的发展。

在凯库勒理论的指导下，依靠从煤焦油中获得的大量苯，找到了制备硝基苯、苯胺染料、石炭酸、水杨酸等物质的方法，这些物质又被用来制造贵重的医药、香料、化学药品、工业药品和炸药等许多产品，于是一门宏大的芳香族化学诞生了。

2. 百年之后的争议

芳香族化学的诞生和发展是理论和实际完美结合的必然结果，实验室的新发现促进了生产方法的革新，生产上新的要求又给科学家提出了新的课题，两者之间的联系如此之紧密，配合如此之协调，在化学史上也是罕见的。

这都归功于凯库勒的富有传奇色彩的“梦”。但是，1989 年以来，许多化学史专家认为，凯库勒存在沽名钓誉的嫌疑，凯库勒并不是苯环结构的创始人，这就是 125 年之后迟来的争议。

“梦”属于人的某种思维活动形式，别人无法判断是否真的做过梦。然而，凯库勒的“蛇梦”涉及科学发现，就容易引起更多人的深度思考，就有可能找到支持或反对它的间接证据。美国南伊利诺大学化学教授约翰·沃提兹在 20 世纪 80 年代，对凯库勒留下的资料做了全面透彻的研究，发现有众多间接证据能够证明凯库勒别有用心地捏造了这个“蛇梦”故事。

1861 年，奥地利中学教师洛斯密德曾自费出版了《化学研究》一书，由于该书晦涩难懂而没有引起科学界的重视。书中提出 121

种芳香族化合物的环状结构，而且使用了重叠键表示双键、三键的说法来描述这些分子结构；书中还预言了21年之后才被发现的环丙烷的存在，绘制了芳香环分子模型等，而且书中展示的模型竟与通过现代X射线和核磁共振谱分析得出的分子结构惊人地相似。1862年1月4日，在凯库勒给他的学生的信中提到洛斯密德关于分子结构的描述令人困惑，表明凯库勒在1865年发表《论芳香族化合物的结构》之前读过这本书。

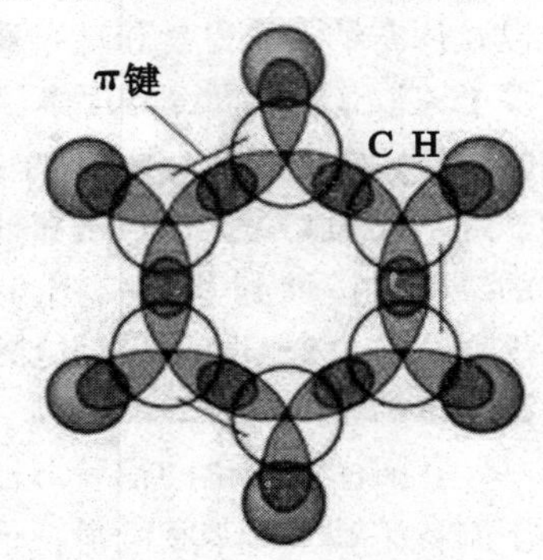

苯的结构示意图

洛斯密德是一个天性羞怯而不喜欢抛头露面的人，他从未走出奥匈帝国，也从不在重要的化学杂志上发表文章，或在重要国际会议上讲演。洛斯密德一生为人谦逊、淡泊名利，也许是其高尚的品德推迟了优先权的争议。但是，125年来，凯库勒生前死后风光无限，而洛斯密德在有机化学界依然默默无闻——世界或许就是如此的不公平！庆幸的是，人们今天终于知道了洛斯密德的成就。

除洛斯密德被认为是苯环结构的创始人外，也有人推崇法国化学家劳伦。1854年，法国化学家奥古斯特·劳伦在《化学方法》一书中已把苯分子画成六角形环状结构。而在凯库勒1854年7月4日写给德国出版商的信中提出由他把劳伦的这本书从法文翻译成德文。这就表明，凯库勒读过而且熟悉劳伦的这本书。但是，凯库勒在论文中没有提及劳伦对苯环结构的研究，只提到劳伦的其他工作。劳伦将苯的结构画成六角形，更接近凯库勒提出的结构式。

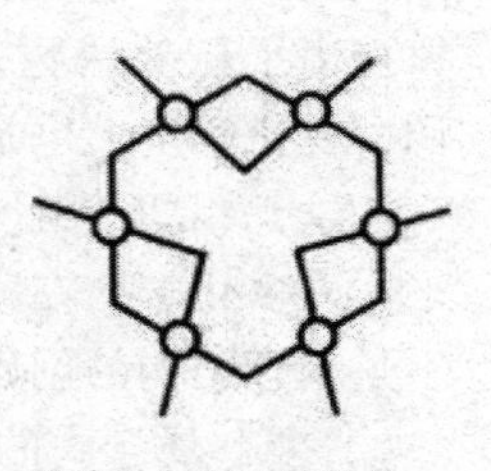
苯的六角形环状结构

凯库勒别有用心地编造这个离奇的故事，可能正是为了不想让人知道他的重大发现与法国人有关。因为在当时，德国的反法情绪盛行，年轻时曾在巴黎留学的凯库勒也受到感染。

然而，促进人们从理论上弄清了苯的结构，建立芳香族化学的还是凯库勒。

3. 建筑师变为化学家

凯库勒1829年出生于德国的达姆斯塔德市，中学时就懂法语、拉丁语、意大利语和英语四门外语。他具有令人惊奇的接受能力，擅长数学和制图；他喜欢钻研问题，同学们总爱同他一起讨论问题，觉得他对别人的思想有启发；在写作方面，思想深刻而新颖，经常独出心裁；在建筑方面，他表现了惊人的天赋，上大学前就为达姆斯塔德设计了三所房子，初露锋芒的他深信自己有建筑的天分。让人不得不思考的是，这位化学上的巨匠却在当时对化学没有什么兴趣和偏爱。

1847年，18岁的凯库勒中学毕业，以优异的成绩考入了吉森大学，这是德国当时最为著名的一所大学，校园美丽、学风淳朴，更值得骄傲的是，这所大学还拥有一批知名度极高的教授，而且，允许学生可以不受专业的限制选择喜爱的教授。

德国吉森大学

凯库勒毫不犹豫地选择建筑专业，并以惊人的速度很快修完了几何学、数学、制图和绘画等十几门专业必修课。在大学里，凯库勒是非常活跃的人物，他口齿清楚，谈吐风趣、幽默，具有非凡的演说才能，而且经常会提出独到的建议，深受大家的喜爱。可是，在他正准备扬起自己的理想风帆时，一个偶然的事件却改变了他的人生道路。

这就是赫尔利茨伯爵夫人的戒指案件。

案件真正的判决者是大名鼎鼎的李比希教授，李比希是凯库勒的同乡，凯库勒很想知道这位化学教授是怎样断案的。凯库勒出于好奇，旁听了此案的公开审理。黑森法庭上，教授手里拿着一枚戒指。这是一枚价值连城的宝石戒指，上面镶着两条缠在一起的金属蛇，一条是黄金的，一条是白金的，看上去精美绝伦。

李比希教授测定了金属的成分，然后缓缓地站起身来，面对着台下急不可耐的听众，用一种平和而又坚定的语气说道：“白蛇是金属铂，也就是铂金制成的。现在伯爵夫人侍仆的罪行是明显的，因为铂金从1819年起才用于首饰业，而他却硬说这个戒指从1805年就到了他手中。”

清晰的逻辑分析，确凿的实验结论，使罪犯终于供认了盗窃戒指的事实。

这个案件的审理，使凯库勒为化学的神奇惊叹不已，对这位著名教授产生了由衷的敬佩之情。在此之前，凯库勒对李比希教授的大名素有耳闻，同学们也多次劝他去听听这位教授的化学课，但他对化学毫无兴趣，不愿意将时间花费在自己不喜欢的学科上，因此对这位教授的了解也仅限于道听途说。

这次偶然的接触，使凯库勒一改初衷，决定去听听李比希教授的化学课。在课堂上，李比希教授轻松自然，幽默风趣，知识广博，实验准确。凯库勒被这门奇妙的、具有强大生命力的学科所吸引。他没想到化学学科原来是这么充满魅力的学科，李比希教授的课也竟是如此的美妙，他为没有早些时候来听课感到懊悔。此后，只要李比希教授的化学课，凯库勒必到，渐渐地，他对化学研究着了魔，很快做出了一个决定：放弃建筑学，立志转学化学。他的家人强烈反对，认为他是一时的冲动。但他坚信，自己未来要从事化学研究，而不是建筑。为了弥补自己的不足，他转入达姆斯塔德市的高等工艺学校，跟随因发明磷火柴而闻名的弗里德里希·莫登豪尔教授学习分析实验操作方法。1849年秋天，凯库勒几经周折终于以优异的成绩跨进了李比希的化学实验室，继续进行分析化学实验。李比希被这位学生的坚强意志深深地感动了，在他的指引下，凯库勒走上了研究化学的道路。

4. 求学过程和宏伟功绩

在吉森大学，凯库勒饱受李比希的培养和熏陶。1851年毕业后，为了能得到更多化学界的世界名流的培养，凯库勒在叔父的资助下，自费留学法国巴黎。留学期间，他在杜马的指导下刻苦学习，也同日拉尔、武兹和鲁尼奥等结下了深厚友谊；他过着清贫艰苦的生活，整天奔波于图书馆、实验室；他着手研究硫酸氢戊酯，并因此而获得化学博士学位。

留学结束后，凯库勒到瑞士的莱赫诺担任了芬·普兰塔的助手；后来，又到伦敦的约翰·施登豪斯的实验室当助手，工作之余，常常和同事们讨论有机化学中的理论问题和哲学问题，在此期间，同威廉逊和欧德林等人相识；1856 年，他回到德国，任海德堡大学的讲师，工作期间，提出了碳原子为四价原子的理论；1858 年，他接受比利时聘请，担任根特大学的教授，并因提出碳四价理论和碳链学说等化学结构理论而开始出名；1860 年，凯库勒在德国的卡尔斯鲁厄组织了第一次国际化学大会，来自十几个国家的 150 位化学家出席了这次大会，会议解决了所有无机化学存在的混乱问题，但是有机化学结构问题却被大多数人淡忘了。尽管如此，1861 年起，凯库勒编著的《有机化学教程》一书分册陆续出版问世；1865 年，凯库勒于根特发表了《关于芳香族化合物的研究》一文，开启了芳香族化合物的新纪元。在根特工作了 9 年以后，功成名就的凯库勒终于在 1867 年荣归祖国，就任波恩大学的化学教授，在波恩大学宏大的化学实验室里，埋头工作，以吉森的先师为榜样，专心从事指导和研究工作，创立了波恩学派。

他回到波恩以来，一直在这个莱茵河畔的美丽城市里生活，并度过了他的后半生。1862 年，33 岁的凯库勒与斯特凡尼娅结婚，丈人是照明用的煤气厂厂长，婚姻美满幸福。但可惜的是，怀孕后的妻子健康状况令人担忧，使凯库勒非常焦虑。最终，由于儿子的诞生却牺牲了母亲的生命，凯库勒沉浸在无限悲痛之中。亲朋好友的劝慰都未能使他从痛苦中解脱，唯有研究工作使他在紧张中暂时忘却不幸。

1895 年，凯库勒被德皇威廉二世封为贵族，授权在其名字之后加上“冯·斯特拉多尼茨（von Stradonitz）”的名号。1896 年 4 月，67 岁的凯库勒在旅行途中，因患感冒并发心脏病，于当年 7 月 13 日病故。为了纪念这位杰出的有机化学家，德国染料工业界于 1903 年在波恩大学为凯库勒建立了一座铜像。

16 准时送鲜牛奶的化学家

——范特霍夫与他的杰出成就

◇……………

范特霍夫

德国柏林，当人们打开报纸的时候，一行引人注目的标题映入眼帘：“范特霍夫荣获首届诺贝尔化学奖”，并以整个版面刊登了范特霍夫的素描像。人们吃惊地看着这幅肖像画，原来那个每天早上驾车为大家准时送牛奶的人竟是著名的化学家，而且还获得了首届诺贝尔化学奖！大家兴奋不已，激动地相互转告，最终，“送鲜牛奶”的范特霍夫和“化学家”范特霍夫被人们合并传成了“牧场化学家”。

这便是发生在范特霍夫获得首届诺贝尔化学奖后的一幕。1901年，由于物理化学方面的成果，使范特霍夫（Jacobus Hendricus Van’t Hoff，1852—1911）成为世界上第一位诺贝尔化学奖获得者。后来，范特霍夫遵母亲之命，将巨额奖金用于高尚的慈善、教育等事业。

虽然年近50岁的范特霍夫已经是柏林大学的教授，但几年来他一直为这一带的居民送鲜牛奶，无论春夏秋冬，刮风下雪，都会准时不误。他在人们的眼中再平凡不过了，和其他牧场经营者一样，他养了许多牛，把牛奶按时送给居民喝。只有附近居住的德国著名女画家芙丽莎·班诺知道这位送奶人不一般。

女画家一连好几个早晨都等在客厅里，她要给这位不寻常的送奶人画一张素描像，然而送奶人总是以不能耽误送奶为由加以拒绝。直到有一天，女画家紧紧拉住送奶人的衣角不松手，说道："您不要再骗我了，我知道您是个实验迷，一送完奶就钻进化学实验室，谁也甭想把您拉出来。这次您一定得让我画一张像。亲爱的教授，请把您宝贵的时间分给我几分钟吧。"这才有了报纸上的范特霍夫的人物素描像。

1. 化学实验的诱惑

范特霍夫诞生于荷兰的鹿特丹市，自幼聪明过人，被家里人誉为"神童"。按照父亲的想法，为了将来能够进入政界，希望他读法律，或者学习技术，以便将来能找到好工作。但是，他读书时受化学教师的影响而酷爱化学，坚持选择化学专业，立志成为一名化学家。

中学时，当他看到变幻无穷的化学实验，觉得非常有趣，总想知道其中的奥秘。他无法抗拒化学实验的诱惑，经常在放学以后或假日里，偷偷地溜进学校，从地下室的窗户钻进实验室里去做实验。而且少年的好奇心，使他专门乐于选用那些易燃、易爆和剧毒的危险药品做实验。

现代化学实验室

这天放学了，范特霍夫从化学实验室外的窗子前走过，忍不住往里面看了一眼，整齐排列的化学试剂和实验器皿又激起了他做实验的冲动，他的双脚不由自主地停了下来。突然，他发现一扇窗子开着，大概是为了通风吧。范特霍夫犹豫了片刻，便纵身跳上窗台，钻到实验室里去了。他支起铁架台，把玻璃器皿架在上面，添加试剂，开始加热。他全神贯注地注视着那些药品所发生的化学反应，一切都在顺利地进行着，内心的喜悦和满足使他的脸上露出了笑容。

实验室内的响动，引起了该校霍克维尔夫老师的注意，是谁呢？老师从窗口望去，惊呆了！是范特霍夫正在专心致志地做实验呢。这太危险了！要知道这是校规所不允许的。老师当心他在惊慌中出危险，便绕到门口，把门打开。范特霍夫才被惊醒，呆呆地站在那里。

“快停下来！谁叫你进来的？马上停下来！”老师再也不能忍耐了。

范特霍夫知道这是校规绝对禁止的违纪行为，于是恳求霍克维尔夫老师不要报告校长，老师念及范特霍夫平时是一个勤奋好学又尊重老师的学生，答应他的请求，但为了不再出现这种危险的行为，一定要带他去见他的父亲。

范特霍夫的父亲对自己孩子违反学校规定的不规矩举动深感尴尬和愤怒，但转念一想，孩子的肯钻好学不该受到过分责备，就从家里让出一间屋子作为工作室，专门供孩子做化学实验。从此，范特霍夫开始“经营”自己的小实验室。他把父母给的零用钱和从其他亲友那里得到的“赞助”积累起来购买了各种实验器具和药品，课余时间从事自己的化学实验。少年时代的这种爱好，注定了后来范特霍夫成为化学家的命运。

2. 备受周折的选择

中学毕业后，范特霍夫决意学习化学，准备将来成为化学研究者。没想到这种想法再次遭到父亲的强烈反对。在当时，人们普遍存在着轻视化学的偏见，认为化学家只不过是肥皂作坊中添材料的伙计，或染色作坊的工人，这是一个很卑微的职业。当初父亲支持他做化学实验，只是为了让他多增加一些知识，现在要做化学家，父亲实在难以同意。

几经周折，为了就业前途问题，范特霍夫听从父亲意见，进入德尔夫特高等工业专科学校学习应用化学。这个学校虽然是专门学习工艺技术的，但讲授化学课的奥德曼却是一个很有水平的教授。他推理清晰，论述有序，很能激发起人们对化学的兴趣，范特霍夫在奥德曼教授的指导下进步很快，他以勤奋好学的治学态度和优异的成绩，得到了教授的器重。

但是，范特霍夫利用假期在制糖厂实习时，耳闻目染了作为技师工作的无聊，他发现所谓技师就是无限期地重复着永远不变的工作。范特霍夫不愿意毕业后从事这种无趣的工作，因此决定改学理论化学。为了早日结束工科学校的生活，范特霍夫拼命学习，仅用了两年时间就学完了三年的课程，于 1871 年提前一年毕业了。经过自己的刻苦学习，获得成功的范特霍夫更增强了毕生从事化学研究的信心和决心。

范特霍夫毕业后，说服了父母，来到莱顿大学学习数学，因为范特霍夫知道物理学和高等数学是学好化学的两大支柱。

3. 饱尝挫折的苦涩

由于小时候受父亲酷爱拜伦、海涅的诗篇的影响，性情浪漫的范特霍夫酷爱文学，大学期间，一度因对诗歌迷恋，曾莫名其妙地想放弃化学。然而，当他把自己的诗作集成一册，并兴致勃勃地请一位诗人评论时，却得到诗人的回信：“看了这些就知道你缺乏古典语言知识。”范特霍夫失望至极，这才回心转意，专攻化学。这是他的第一次挫折。

虽然在中学时期，范特霍夫做了很多化学实验，但由于缺乏正确的指导，养成了随心所欲的不良习惯，以致在德尔夫特高等工业专科学校学习期间常因实验技术笨拙，很难得到正确的结论。1872年，因为崇拜凯库勒，范特霍夫转学到波恩大学。这时的波恩大学已经是欧洲化学研究中心，云集而来的聪明学子，争奇斗艳。而范特霍夫则属于默默无闻之流，甚至因不擅长实验被人取笑。范特霍夫又一次面临着人生抉择，他发现自己在理论上很有创造性思维，他当机立断，改学理论化学，以求得扬长避短。这是他的第二次挫折。

1874年初，波恩大学毕业前夕，范特霍夫向导师辞别时，凯库勒建议："不要忙于求职，还是在较有名声的大学里继续深造好。"听从名师良言，范特霍夫决定留学巴黎，在法国结构化学权威武兹的实验室工作了约半年，在那里偶然认识了同样具有浪漫情怀与远大理想的勒·贝尔。

不巧的是，1874年6月范特霍夫因弟弟求学需要，不得不中断留学生活回国。同年12月，在乌特勒支大学通过了博士学位论文答辩后，开始了他的求职之路。他没有过高的要求，只希望暂时有个能够谋生的职业就行，哪怕是中学教师也好，可是他万万没想到自己会处处碰壁。或许这时他才明白父亲当年的想法是正确的。直到1876年3月，历尽千辛万苦，范特霍夫才在荷兰国立兽医学校谋到了一份物理化学助教的工作。这是他的第三次挫折。

4. 巨石激起万丈浪

19世纪中叶，经过德国化学家凯库勒和俄国化学家布特列洛夫等人的不懈努力，有机化合物的经典结构理论崭露头角。但是，1848年，法国人巴斯德成功拆分出外消旋酒石酸，首先发现酒石酸具有左旋和右旋两种不同结构；后来，德国化学家威利森努斯也发现了乳酸的旋光异构现象。这些发现使有机结构理论再次乌云密布，因为人们无法弄明白出现"旋光异构"的原因所在。在法国巴黎学习期间，范特霍夫在武兹的指导下，同勒·贝尔对这个问题做过广泛的实验和探索，但未见分晓。

回到荷兰之后，他一方面在乌特勒支大学准备博士论文，另一方面继续琢磨这个未解决的问题。范特霍夫经常坐在乌特勒支大学的图书馆里发呆，思索着"旋光异构"的问题。他在纸上不停地画着乳酸的结构式，眼睛盯着分子中心的碳原子，突然他想：如果将这个碳原子上的不同取代基都换成氢原子的话，那乳酸分子不就变成甲烷了吗？

乌特勒支大学的图书馆

他反复问自己：甲烷分子中的氢原子和碳原子是在同一个平面上吗？百思不得其解、心烦意乱的范特霍夫离开图书馆茫无目的地走在大街上，他就这么百无聊赖地独自游荡着。范特霍夫具有广博的数学、物理学知识，他知道：在自然界中的一切都趋向于最小能量的状态。那么，甲烷中的4个氢原子和碳原子也应该遵循这个规律。范特霍夫猛然领悟：正四面体！甲烷分子只有正四面体才能使其能量最低！他由此进一步推断：假如用4个不同的取代基替代碳原子周围的氢原子，显然有两种不同的空间排列。想到这里，范特霍夫重新跑回图书馆，在乳酸的结构式旁画出了两个四面体，惊奇地发现：两者是实物和镜像的关系。这也许就是乳酸存在旋光异构的秘密所在。范特霍夫认为，在已经建立起来的经典有机结构理论中，由于人们还不了解原子所处的实际位置，所以原有的化学结构式不能反映出某些有机化合物的异构现象。

COOH　　　　COOH

HO　　H　|　H　　OH

CH_3　　　　CH_3

乳酸化学式四面体

1874 年 9 月，年仅 22 岁的范特霍夫提出了关于“碳的正四面体结构”假说，首现“不对称碳原子”的新概念，并以荷兰文发表。在论文中，他指出：酒石酸分子中“不对称碳原子”的存在，使之形成两个异构体——右旋酒石酸和左旋酒石酸，二者混合后得到光学上不活泼的外消旋酒石酸。1875 年，范特霍夫又以法文发表立体化学方面的论文，1876 年底，再次发表了经扩充、汇集后的德文版《空间的化学》，进一步阐述碳的正四面体结构假说，解释了诸多旋光现象。

碳的正四面体结构模型

在此之前，有机结构理论认为有机分子中的原子都处在一个平面内，这与很多现象都是矛盾的。范特霍夫提出“碳的四面体结构”学说，纠正了过去的错误。这种新思想在化学界激起了巨浪。荷兰乌特勒支大学的物理学教授毕易·巴洛、著名有机化学家威利森努斯都纷纷发表言论，称赞这是“具有划时代意义的学说”，“必将引起有机化学的变革”。当然，也遭到了一些权威人士的强烈反对，德国有机化学家哈曼·柯尔比就是其中一个。柯尔比教授写文章尖锐地讽刺说：“有一位乌特勒支兽医学院的范特霍夫博士，对精确的化学研究不感兴趣。在他的《空间的化学》中宣告说，他认为最方便的是乘上他从兽医学院租来的飞马，当他勇敢地飞向化学的帕纳萨斯山的顶峰时，他发现，原子是如何自行在宇宙空间中组合起来的。”不仅如此，柯尔比不远千里来到荷兰与这位挑战者一争高低。当柯尔比气势汹汹地冲进范特霍夫的办公室时，范特霍夫已经恭恭敬敬地等候他了。范特霍夫平心静气地向他陈述了自己的观点，面对滴水不漏的陈述，老权威暗暗地吃了一惊，眼前的年轻人非同小可。柯尔比等人的反对意见不仅没有损害范特霍夫的新理论，反而起到推广和宣传作用，因为读过柯尔比等人的尖锐评论文章的人，都会对范特霍夫的理论发生兴趣，都要去了解一下他论文的内容，竟使范特霍夫成了名噪一时的人物。

时隔不久，范特霍夫告别了荷兰国立兽医学院，受聘于阿姆斯特丹大学，任化学讲师，2 年半后，年仅 25 岁的范特霍夫被聘为化学教授。

5. 首位诺贝尔化学奖得主

“物质能否发生化学反应、反应的快慢和进行程度大小”，这是一个古老的课题。直到 19 世纪初，人们仍不能正确地解决这个问题。1878 年，时任化学教授的范特霍夫开始注意研究化学动力学问题。他着重研究了化学反应及其变化规律；他对在相同条件下同时向两个方向进行的反应，采用了化学平衡的观点来研究，由此建立了化学平衡理论，并首倡以双箭头符号来表明化学平衡的动态特性；他还建立了以自由能为基础的亲和力理论……这些研究成果，全部记录在 1884 年出版的《化学动力学研究》一书中。

范特霍夫从化学动力学开始，广泛地研究了许多物理化学问题，特别是对稀溶液的渗透压及有关规律的研究，他做了许多关于溶液渗透压的实验，提出了一个能普遍适用的渗透压公式。但是，渗透压的计算值总是有规律地小于实测值。正当他一筹莫展的时候，瑞典的一位大学毕业不久的年轻人斯特万·阿仑尼乌斯，提出了“电离学说”。范特霍夫很快从中得到领悟：如果溶液中的电解质是以离子形式存在，那么溶液中的粒子数就会增多。粒子撞击半透膜隔层而引起的渗透压力也就增加。他把自己的想法写信告诉了阿仑尼乌斯，表示完全赞同电离学说。《气体体系或稀溶液中的化学平衡》的论文也相继发表。

1901 年 12 月 10 日，对于范特霍夫来说是一个值得纪念的日子，对于人类也是一个值得纪念的日子，这一天，首次颁发诺贝尔化学奖，范特霍夫是第一位诺贝尔化学奖的获奖者。非常有趣的是，范特霍夫创立的碳的四面体结构学说并不是获奖原因，而是他的另外两篇著名论文《化学动力学研究》和《气体体系或稀溶液中的化学平衡》使他获得首届诺贝尔化学奖。因为在 1901 年，瑞典皇家科学院收到的 20 份诺贝尔化学奖候选人提案中，有 11 份提名范特霍夫，而且都是推荐这两篇文章。事实上，这一年的诺贝尔化学奖颁发给范特霍夫，他当之无愧。

17 亲密无间的合作者

——稀有气体的发现者

◇

对于原子结构而言，当原子最外层的电子数为 8 个（只有一个电子层时电子数为 2 个）时就是稳定结构。一般来说，元素的原子都有达到稳定结构的趋势。但有另外一些元素的原子其本身就具有稳定结构，它们都是单原子分子，这就是稀有气体元素，所以稀有气体元素难以和其他原子进行化合。在化学史上，对于稀有气体元素的研究最多的是英国化学家拉姆塞（William Ramsay，1852—1916）和英国物理学家、化学家瑞利（John William Strutt，1842—1919），他们在亲密无间的合作中完成了人类历史上的重大发现。

1. 不同的人生轨迹

拉姆塞

拉姆塞，1852 年10 月2 日出生于苏格兰的格拉斯哥。拉姆塞是个独生子，所以父母对他宠爱有加，把所有精力都花在了他一个人身上，从拉姆塞 3 岁开始母亲就用读圣经的方法教他认字，还教他拉小提琴，尽力使拉姆塞受到最好的教育。而拉姆塞也是个聪明好学的孩子，他从小喜欢大自然，爱读书也爱收藏书，还特别喜欢学习外语。小时候他经常坐在格拉斯哥自由圣马太教堂里，许多人不明白这个孩子坐在那里干什么，好像是在听教徒讲道，走近一看才明白，原来小拉姆塞正在阅读圣经，而且他在看的还不是英文版的圣经，而是法文版的，有时候好像又是在看德文版的圣经。原来拉姆塞是用母亲教他的方法来学习外语，就这样少年时的拉姆塞就已经学会了几门外语。有一次，他的母亲过生日，为了表示祝贺，拉姆塞同时用几种语言来朗诵诗歌，令做客的亲友们大感意外，随后当然是大加赞赏。

少年时的拉姆塞想当足球明星，他认为足球是勇敢者的运动，在激烈的对抗中，最能表现出一个人的勇气和风度，但是一次小意外改变了他的一生。在一场足球比赛中，拉姆塞不慎脚部受伤，只好静卧在床上。就在百无聊赖的时候，恰好床边有一本书，一本由英国化学教授格雷厄姆写的化学常识书，拉姆塞随手拿了起来翻了翻，谁知拉姆塞立刻被书中的内容深深地吸引住了，他感到比看任何小说还有意思，特别是书中有关焰火的制作方法更是引起了他的好奇。从此拉姆塞就对化学产生了兴趣，立志要做一名化学家。

拉姆塞用8年的时间学完了别人要12年才能学完的中小学全部课程，14岁那年，就以优异的成绩被格拉斯哥大学文学院破格录取为大学生。拉姆塞非常想学习化学，但是大学没有化学课程，于是他根据书上的要求，购买了各种实验所需的化学药品，还自制了本生灯，自制了除烧瓶和曲颈瓶以外的许多玻璃用具，利用课余时间在家中独自做实验，拉姆塞就是用这种方法自学化学知识。通过化学实验，不仅丰富了化学知识，锻炼了动手能力、观察能力，还造就了他独立思考的学习习惯，培养了严谨的科学态度。

为了专门学习化学，1870年大学毕业后的拉姆塞来到德国海德堡大学，拜著名的实验化学家本生（Robert Wilhelm Bunsen，1811—1899）为师，开始系统学习化学。本生很赏识这位青年人的才华和刻苦精神，一年后推荐他到蒂宾根大学继续深造，跟随有机化学教授费迪克学习有机化学。在费迪克教授的悉心指导下，拉姆塞对化学理论和化学实验都有了更为深刻的认识。1872年，拉姆塞撰写了有关芳香酸的论文《甲苯和硝基苯甲酸》，因而获得了哲学博士学位，那一年他只有20岁。毕业后他回到故乡，在安德森学院担任助教工作。1872～1880年间，拉姆塞发表了关于吡啶和喹啉等不同的环状化合物的论文，并在格拉斯哥学院升任副教授。28岁时他来到布里斯托尔学院任化学教授，开始了物理化学方面的研究工作。由于在液体的蒸气张力、表面张力和热学性质等方面出色的研究成果，他成为英国物理化学界的权威，并担任物理化学丛书的主编，为物理化学的发展做出了很大的贡献。1887年，拉姆塞被伦敦大学聘为教授，他是这所著名学府的第五任化学教授，他在这里一直工作了25年。1888年，拉姆塞当选为英国皇家学会主席，1895年当选为法国科学院院士，1902年英国政府授予他爵士称号，1911年担任英国科学促进会主席。因发现惰性气体元素一族，1895年拉姆塞荣获了戴维奖章，1904年获得诺贝尔化学奖。

瑞利

瑞利，1842年11月12日出生于英国伦敦，原名斯特拉特，因祖父被英国皇室封为瑞利勋爵而被称为瑞利勋爵三世。瑞利自幼体弱多病，时常因病中断学习，但是瑞利凭借聪明和努力，于1860年以优异的成绩考入剑桥大学三一学院攻读数学，1865年以同样优异的成绩毕业。当时剑桥的主考官是这样评价的："瑞利的毕业论文极好，不用修改就可以直接付印。"1866年，瑞利开始在剑桥大学任教。1872年，他因严重的风湿病不得不去温暖的埃及和希腊过冬，同时开始编写两卷本的《声学原理》，这部物理学上不朽的名著一共写了六年，直到1877年第一卷才初次出版。1879年，著名的英国物理学教授麦克斯韦去世，空缺的剑桥大学卡文迪许实验室主任的职位由瑞利继任。瑞利对教学和科研热情极高，把所有的精力都放在工作中。他要求每个学生都必须通过动手实验来学习物理、研究物理，由他开创的这种培养学生的方法从此在欧美的大学流传开来。瑞利还带头捐款为实验室添置新的科学研究设备，创造完备的实验条件，许多人因此而得益，在这个实验室中曾经诞生了多位诺贝尔奖得主。如汤姆生因发现了电子而荣获1906年的诺贝尔物理学奖，卢瑟福因发现了原子结构的行星模型而荣获1908年诺贝尔化学奖等等。后来瑞利意识到基本单位准确性的重要意义，遂建议英国政府成立国家物理实验室。该实验室自1900年建立以来，一直是国际上重要的标准化机构。瑞利的工作作风极为严谨，由他测定的气体密度值，尽管经过了一百多年，有些数据现在还在使用。这种严谨的科学态度使得他在测定氮气密度时发现并抓住了“千分位的误差”，从而与拉姆塞合作，共同发现了氩，并因此荣获了1904年的诺贝尔物理学奖。1905年，瑞利当选为英国皇家学会主席。从1908年直到1919年去世，他一直是剑桥大学的名誉校长。

2. 天文学家的意外发现

1868年8月18日，法国天文学家让桑（Pierre Jules César Janssen，1824—1907）远赴印度观察日全食，在利用分光镜观察日冕的时候，他意外地发现了一条黄色光谱线。1868年10月20日，英国天文学家洛克耶（Joseph Norman Lockyer，1836—1920）用同样方法也发现了这样一条黄色光谱线。经过进一步研究，他们认为这是一条不属于任何已知元素的光谱线，它是由一种新的未知元素所产生的。由于这种元素的发现源于太阳，因而把这种新元素命名为Helium（氦），在希腊文中就是太阳的意思。他们认为这可能是一种特殊的天体物质，地球上根本不存在这种物质。地球上真的没有氦吗？27年后，拉姆塞发现地球上也有氦元素。

如果说太阳中氦（He）元素的发现纯属意外的话，那么发现氩族元素（即稀有气体元素）凭借的是化学家们科学的态度、严谨的作风和勤奋的品格，发现和获取稀有气体是近代化学史上最艰难的工作之一。要了解稀有气体发现的历程，还得从普劳特假说说起。

1814年英国青年医生普劳特提出了一个假说，他认为各种元素的原子都是由不同数目的氢原子组成的，所以各种元素的原子量都应该是氢原子量的整数倍。也就是说，氢是所有元素的“元粒子”。普劳特假说一经推出，就立即引起化学界关于原子量数值的争论，结果欧洲大陆普遍采纳了贝采里乌斯的原子量，而英国的化学家则接受了汤姆生的数值。

当时瑞利正在用大部分的精力从事气体密度的研究工作，这正是普劳特假说所涉及的问题。当时法国化学家雷尼奥（Henri Victor Regnault，1810—1878）测得氧气的密度是氢气密度的15.96倍，这个数值与16相比，看来是在实验误差范围以内。但是瑞利是特别注重定量研究的化学家之一，作风极为严谨，他对研究结果的精度要求极高。他沿用雷尼奥的方法，在相同的操作环境下重新进行了测定。在实验中他注意到，由于玻璃容器受到大气压的影响，在充满气体和抽成真空时体积应该是不一样的。他充分重视了这个差别，结果实验得到的数值为15.882，而这个数值与普劳特假说的差异更大了。

瑞利在测定各种气体密度的研究工作中，发现了一些不正常的情况。他用几种不同方法去制备氧气，再分别测定所获氧气的密度，得到的数值几乎一致。而在测定氮气时，发现由空气制得的氮气所测得的数值和由化合物制得的氮气所测得的数值存在差异。第一种方法先除去空气中的二氧化碳、水分以及其他杂质，再用炽热的铜或铁吸收氧气，这种方法测得的氮气密度为1.2572克/升。第二种方法是把空气先通过液态氨，然后通过装有炽热金属铜的玻璃管，用铜作为催化剂，利用氧气把氨气氧化为氮气，再用硫酸吸收剩余的氨气，这种方法测得的氮气密度为1.2508克/升。为了确认这个差异，瑞利反复验证了多次，还是得到相同的结论，说明误差绝不是操作引起的。那为什么用不同的方法制取氮气，其密度测定值相差了千分之五呢？瑞利猜测可能有四种原因：

（1）由大气制得的氮气，可能还含有少量的氧气。这种假设也是不成立的。由于氧气密度只是比氮气稍微大一点，即使制得的氮气中混入了氧气，若要产生千分之五的偏差，除非混入大量的氧气，操作上的失误也不至于达到如此程度。

（2）由氨气制得的氮气，可能混入了少量的氢气或氨气。这种假设也是不成立的。在氨气分解所制得的氮气中，若混入了一些氢气和氨气，那么每次测定的氮气密度应该是不相同的。但是实验所得数据每次都相同，也就是说每次测定时氢气和氨气都必须以相同的比例混入氮气中，这是绝不可能的。

（3）由大气制得的氮气，或许有类似臭氧的 N_3 分子存在。这种假设同样是错误的。如果存在 N_3 分子，应该与臭氧一样不稳定，长时间放置后一定会转变成两原子的氮分子。瑞利效仿由氧气制取臭氧的方法，在氮气中进行放电实验，结果并没有发现气体密度有变化，也就是说根本不存在 N_3 分子。

（4）由氨气制得的氮气，可能部分氮分子游离成了氮原子。这种假设也是不可能的。如果存在游离的氮原子，那么它一定是不稳定的，彼此之间必定会结合形成 N_2 分子。瑞利进行了相关验证实验，他将样品保存了八个月，结果发现氮气的密度还是没有任何改变。

3. 亲密无间的合作

拉姆塞得知瑞利的研究以后，征得了瑞利的允许，也开始研究这个问题。拉姆塞猜测，问题的关键可能在于从空气中获得的氮气不够纯净，里面混入了密度比氮气大的杂质气体。怎样才能证明氮气中有杂质气体呢？当时拉姆塞正在研究用氢气和氮气直接合成氨的方法，他尝试着用各种金属作为催化剂进行合成实验。当他采用镁做催化剂时，结果在高温条件下镁吸收了氮气形成了氮化镁，对于化学性质很不活泼的氮气而言，这的确是一个很重要的性质，于是他决定利用氮气的新性质来检验氮气的纯度。拉姆塞首先用氢氧化钠固体除去空气中的水蒸气和二氧化碳，残留的气体反复通过炽热的镁粉，这样可以充分吸收氧气和氮气。反应进行一段时间后，再去测定残留气体的密度，令人惊奇的是，虽然残留的气体很少，但是它的密度却比氮气大。拉姆塞意识到这是解决问题的一个有效方法，因而反复操作了实验，结果测得剩余气体的密度始终大于氮气，而且通过炽热镁粉的次数越多，剩余气体的密度就越大，最后得到的密度数值几乎是氮气的 1.5 倍。起初拉姆塞认为余下的气体也许是 N_3 分子，但是经过精密的光谱分析后发现，在剩余气体中除了氮的光谱线之外，还有未曾见过的橙色和绿色的光谱线，这说明混合气体中一定存在新元素！

极光的光谱线约为 3 100—6 700 埃

就在拉姆塞进行实验的同时，瑞利也在做着新的尝试。他采用一百多年前卡文迪许的实验方法，其方法就是先往氮气中混入适量的氧气，然后用电火花不断点燃，生成的二氧化氮可被碱液完全吸收。只要混合的量与计算的量一致的话，氮气就可以通过反应而被全部吸收。瑞利反复操作了这个实验，发现每次总是有一部分气体不能与氧气化合而残留到最后，瑞利把这些剩余气体也用光谱仪做了检查，光谱线的奇异现象同样让他大吃一惊。

那么这种新的气体是否可能是在分离氮气的操作中产生的呢?为了解决这个疑问，拉姆塞和瑞利想到了英国化学家格雷阿姆的气体扩散原理，即两种气体的扩散速度比，分别与其密度的平方根成反比。由于这种新的气体密度较大，根据这个原理，氮气和氧气的扩散速度应该快于新的气体。如果把空气通入多孔性的长玻璃管中，密度较小的氮气和氧气会更多地通过管壁扩散出去，而从管口的另一端流出的气体应该含有更多的未知气体，而且通过多孔管的时间越长，流出气体的密度应该更大。他们实施了实验，其结果正好印证了他们的设想，未知气体原本就存在于空气中。

此后的几个月，瑞利和拉姆塞继续合作，他们的研究结果表明，空气中除了氧气、氮气、二氧化碳和水蒸气以外还含有未知的成分，这种气体成分是一种单原子分子，它的原子量为 39. 88，这种气体没有化合能力，不能与任何物质反应形成化合物。拉姆塞把它命名为氩（argon），在希腊文中就是“不发生作用”或“懒惰”的意思，元素符号定为 Ar。

1894 年 5 月 24 日，拉姆塞给瑞利写信，提出了建立惰性气体一族的设想，信中写道：“您可曾想到，在周期表每一行最末的地方，还有空位留给气体元素这一事实吗?”同年 8 月 7 日，他给瑞利的信中又写道：“我想最好用我们两个人的名义发表，对于您的提议，我非常感谢，因为我觉得，一个幸运的机会，已经使我能够大量制取这种气体。”1894 年 8 月 13 日，瑞利和拉姆塞在科学家会议上以共同的名义宣布了他们的新发现：一种未知的新元素就在我们呼吸的空气中，和氧气、氮气一样是空气的组成部分，在会议大厅中就有几十千克这种气体。与会的科学家们都目瞪口呆，“竟会有这种怪事，空气中还有没有被发现的其他气体!”

瑞利和拉姆塞在研究期间通过信件阐述自己的观点，分享自己的实验结果，堪为科学家亲密合作的典范。瑞利曾经这样说道：“假如来自空气的氮比来自化学的氮更重是由于空气中存在一种未知的成分，那么，下一步就应通过吸收氮来分离这种成分。这是一项很艰巨的任务！拉姆塞和我起初是分别进行工作，后来则是合作从事了这项工作。有两种方法是可行的：第一种方法是在电火花作用下使氮气与氧气化合并用碱液吸收酸性化合物，卡文迪许最早就是用此方法验证了大气的主要成分和硝石中的氮是同一种东西。第二种方法是完全用炽热的镁来吸收氮气。用这两种方法都分离出了同一种气体，数量约占空气体积的百分之一，密度约为氮气的 1.5 倍。”

据拉姆塞的学生特拉弗斯回忆，瑞利与拉姆塞之间往返信件极多，彼此间的关系十分融洽，他们共同为科学发现而努力工作，从来没有因为名利而相互猜疑，更没有不正当的剽窃行为。

在发现氩气之后，拉姆塞进一步研究了空气的组成，又陆续发现了其他的稀有气体，他把发现的氦、氖、氩、氪、氙、氡作为一族，完整地插入了元素周期表中，使得元素周期表更为完善，而这项工作，远比发现稀有气体元素更为重要。

18 艰难而有成就的创立者
——阿仑尼乌斯和他的电离学说

◇

物质导电的前提是有自由移动的电荷（即带电粒子）。对金属来说，这种自由移动的电荷就是自由电子；那么溶液的导电又是怎么回事呢？科学界普遍赞同法拉第的观点，认为溶液中“离子是在电流的作用下产生的”。直到1883年，近代化学史上著名的瑞典化学家阿仑尼乌斯（Svante August Arrhenius，1859—1927），在瑞典科学院物理学家埃德伦德教授的帮助下，经过不懈努力，凭借敏锐的思维，冲破重重阻力，提出了“电解质在水溶液中产生自由离子”的观点，创立了至今仍长盛不衰的“电离理论”，为人类的进步做出了不朽的功绩。

阿仑尼乌斯

1859年2月19日，阿仑尼乌斯出生在瑞典乌普萨拉附近的维克城堡，他有很好的家庭背景。在他出生后的第二年，因父亲出任乌普萨拉大学的总务长，举家迁往乌普萨拉城。阿仑尼乌斯从小受到了良好的文化熏陶，无意中养成了勤奋好学的品格。他的启蒙教育可以算得上是无师自通，凭着个人特有的天赋，学会了不少词汇短句。哥哥写作业时，他就在旁边认真看，竟然从哥哥的算术书上看懂了一些简单的算法，到6岁时他已经能够坐在父亲的身边，协助父亲进行复杂的计算了。

1. 因兴趣而背叛了导师

阿仑尼乌斯的中学时光是在乌普萨拉城的一所教会学校里度过的，他的兴趣在数学、物理、生物和化学等学科上，他喜欢刨根问底，追求知识的逻辑性，他经常为一个问题和同学、老师争论不休，而他总是能够提出与众不同的想法，深受大家的爱戴。

1876年，17岁的阿仑尼乌斯中学毕业，以优异的成绩考取了乌普萨拉大学。在大学里，他的思维更加活跃，在数学、物理、化学等理科课程上更加出类拔萃，只用了两年时间，他就通过了学士学位的考试。

在学习期间，阿仑尼乌斯深得物理学塔伦教授的厚爱，塔伦教授是一位光谱分析专家。出于对物理学的钟爱，1878年，阿仑尼乌斯顺利通过了博士入学考试，他预备在塔伦教授的指导下，系统地学习光谱分析。在学习过程中，他越来越觉得作为一名物理学研究者，只有光谱知识是远远不够的。为了拓宽知识面，他决定学习数学、化学这些与物理学具有近亲关系的科目，渐渐地，他被教授们生动有趣的实验事例、系统完整的学科知识所折服。他对“电解质溶液导电时能产生出新的物质”的现象更是惊奇不已，他确信“电的能量是巨大的，是无穷的”，他对“电解质溶液的导电问题”产生了浓厚的兴趣，他热衷于对电流现象和导电性的研究。

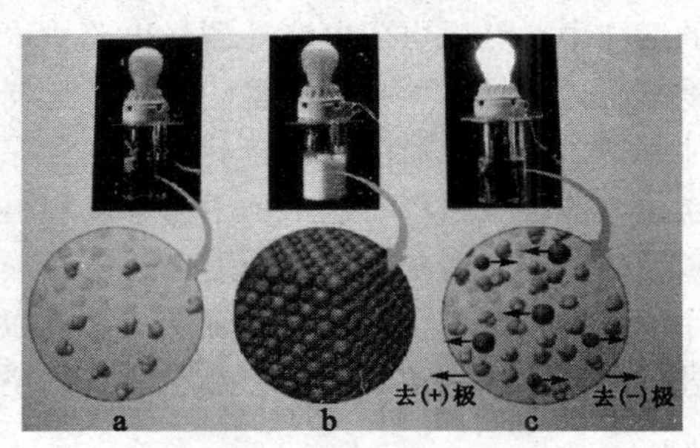

不同物质的导电性比较

当阿仑尼乌斯选择博士论文题目时，向塔伦教授提出了这样的要求："我请求您允许我选择电流现象方面的题目。"然而，这个请求却引起了塔伦教授的强烈不满，教授万万没想他会遭到阿仑尼乌斯的如此背叛，而这位背叛者却是自己格外赏识的学生。塔伦教授说："您知道，在我的实验室里只研究光谱分析的问题，这里还有许多工作要做，请您选择与光谱分析有关的课题。在这光谱领域除我之外，还没有其他人做过研究。"塔伦教授规劝阿仑尼乌斯不要不务正业，多研究一些与光谱分析有关的课题。

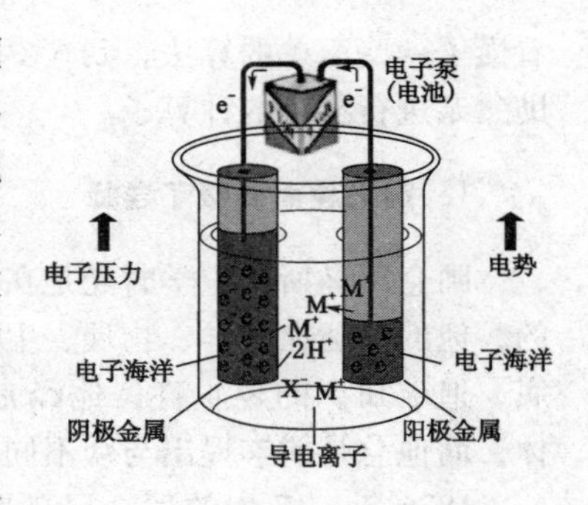

电的作用是巨大的

阿仑尼乌斯明白，在乌普萨拉大学，想要冲破现有的学科体系去涉足物理、化学的交叉学科，是绝对不可能的事。但阿仑尼乌斯实在无法放弃自己的兴趣，最后他不得不告别了这位杰出的光谱分析导师，离开这所古老的学校，来到首都斯德哥尔摩投奔了专攻电学研究的埃德伦德教授。

2. 因勤奋好学而深得赏识

埃德伦德教授是瑞典科学院的物理学家，他的研究方向是"溶液的电导特性"，这使阿仑尼乌斯无比兴奋。在实验室里，他把电极插入不同的溶液中，然后再用电流计测量电路中电流的大小，他不分昼夜地重复着这样枯燥无味的实验。然而，这样的工作他一干就是两年。他勤奋、好学和对电学饱满的热情，深深地打动了这位资深教授。埃德伦德教授很喜欢这个勤于动手、积极肯干、任劳任怨而且思维敏捷的青年。两年后，阿仑尼乌斯成了埃德伦德教授的得力助手，除了协助教授进行一些极其复杂的实验以外，阿仑尼乌斯还独立地进行物理化学的实验。他把几乎所有的空闲时间，都用在实验研究上。

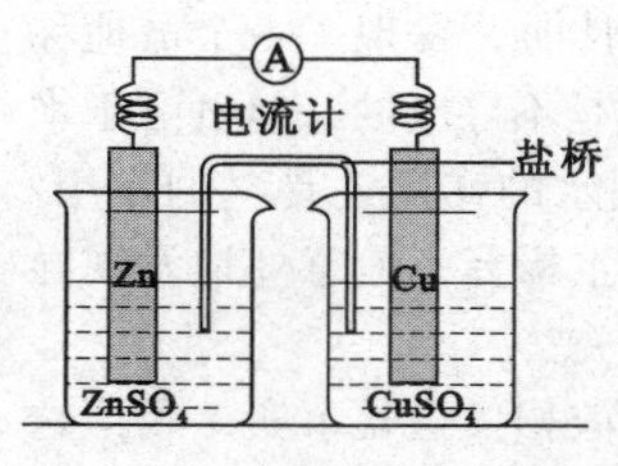

化学能转变为电能

长期的实验室工作，阿仑尼乌斯养成了对任何问题都一丝不苟、追根究底的习惯，他对所研究的课题，往往都能提出标新立异的假说。他知道，化学能在一定条件下可以转化为电能。但是，在实验中，他却发现“相同的化学反应，所产生的电流并不是固定的，而是随外界条件的变化而变化的”。他希望能够找到解释这个现象的资料，但他失望了，他查遍了几乎所有的资料都未能如愿。于是，阿仑尼乌斯决定自己着手研究这个问题。他设计了一系列有序的实验，收集不同条件下的实验现象，经过反复比对，归纳结论，终于，他发现了“金属导体”和“电解质溶液”的接触面是引起这种现象的主要原因。他认为，在电池中除了化学能转化为电能外，还存在阻碍“金属导体”和“电解质溶液”接触的因素，这些因素会导致电流回路的电压降低。他把这种现象称为“电极极化”。为了减少甚至防止发生电极极化现象，他坚持反复实验，终于弄明白了如果在电解质溶液中加入某种添加物，即可有效地防止电极极化，而且不同量的添加剂其去极化的作用也不相同。这是他第一次独立研究的成果，他很高兴。在一次学术团体的活动中，他向大家展示了这一研究成果，阿仑尼乌斯的热情和谈吐不凡吸引了众多与会者，他的导师埃德伦德教授百感欣慰，他的才学也得到了教授的赏识。

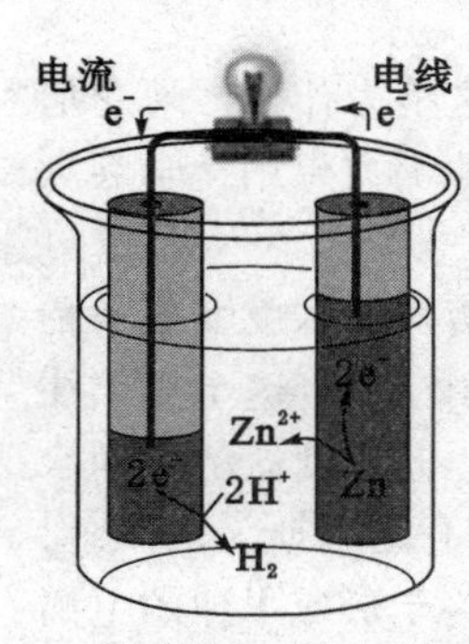

化学能转变为电能

3. 因敏锐思考而理论初成

电解质溶液为什么具有导电性？毫无疑问，是因为溶液中存在自由移动的离子，但这些自由移动的离子是怎样产生的呢？曾经有人提出电解质在水的作用下产生离子，即所谓“水作用论”；但法拉第坚决否认，坚持“电流作用论”，即电流的作用产生离子。

阿仑尼乌斯在研究电解质溶液的导电性时，发现了一个被他称为是“吓得半死”的实验现象：气态的氨是不导电的，但氨溶于水得到的氨水却能导电，离子的产生究竟是水的作用还是电的作用？为了弄清楚这个问题，阿仑尼乌斯将浓氨水稀释，他意外地发现导电性增强了。难道浓度的大小与导电性有关？

阿仑尼乌斯被这种现象惊呆了！他不敢相信这是事实，因为这是与物理太祖法拉第的观点相冲突的。他特地向导师请教，埃德伦德教授认真听取了他的想法，非常欣赏阿仑尼乌斯敏锐的观察能力，教授告诉他进一步做好实验、深入探索是关键所在。经过几个月的时间，阿仑尼乌斯做了大量的实验，积累了丰富的实验测量的数据。然而，这些数据并没有给他带来快乐，相反，越来越多的现象都用法拉第的理论无法解释。

同种电解质的“浓度不同导电性不同”，这是为什么？阿仑尼乌斯绞尽脑汁思考这个问题，苦恼、烦躁……他竭力想用化学观点来说明溶液的这种电学性质。

阿仑尼乌斯静静地躺在床上反复琢磨：浓溶液加水就变成了稀溶液，导电性却增强了，水在这里起了什么作用？顺着这个思路往下想：“纯净的水不导电，固体食盐也不导电，但把食盐溶解到水里，盐水就导电了。水究竟起了什么作用？”阿仑尼乌斯无法入睡，就这样经历了无数个不眠之夜，1883 年 5 月，终于形成了他的电离理论。

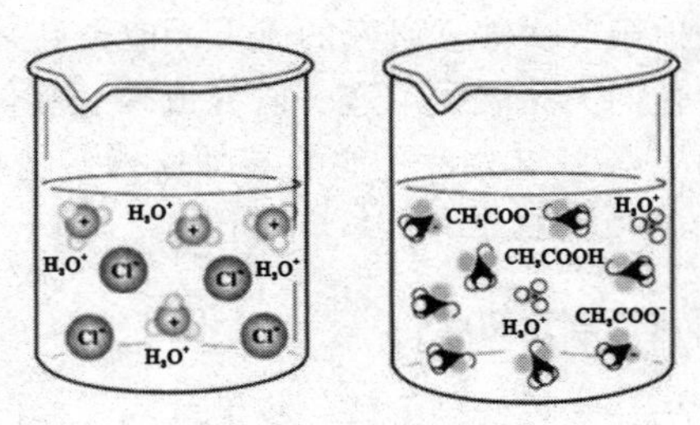

醋酸分子在水中的电离

他认为：电解质在溶液中具有非活性和活性两种不同的形态，非活性形态是分子，活性形态是离子；电解质在水的作用下产生了离子，非活性形态转变成了活性形态；当溶液稀释时，活性形态的数量增加，溶液导电性增强。

阿仑尼乌斯的理论，合理地解释了“氨水的浓溶液在稀释时导电性增强”的实验事实。但是他知道，自己的研究成果将面临前所未有的考验，因为这个理论将彻底颠覆法拉第的理论，这可不是一桩小事。他非常谨慎地整理了自己的研究资料，然后，以“电解质的电导率研究”为题叙述和总结了实验测量和计算结果；又以“电解质的化学理论”为题，从理论上阐述了水溶液中物质的形态。阿仑尼乌斯把这两篇论文送到瑞典科学院，请求专家们审议。1883 年 6 月 6 日，经过瑞典科学院讨论后，论文被推荐予以发表，刊登在 1884 年初出版的《皇家科学院论著》杂志的第 11 期上。

4. 因答辩受挫为泰斗器重

当阿仑尼乌斯收到上述杂志刊登这两篇论文的校样后，又产生了一个想法。他把其中的主要内容集中起来，写成《电解质的导电性研究》作为学位论文送交乌普萨拉大学。该校学术委员会接受了他的申请，决定在 1884 年 5 月进行公开的论文答辩。

瑞典乌普萨拉大学

答辩会争论得非常激烈。阿仑尼乌斯举出大量详尽的实验事实，来说明“电解质在水的作用下形成离子”，精辟而无可辩驳地阐述了自己的新见解，受到多数委员和与会者的赞许。

但是，阿仑尼乌斯的导师塔伦教授表示：他对实验事实无任何异议，但对电解质在水溶液中自动电离的观点不能理解。另一位导师克莱夫教授则提出：他对阿仑尼乌斯的实验事实持怀疑态度，电解质在水溶液中自动电离的观点是十分荒唐的，纯粹是空想。阿仑尼乌斯反复列举出实验事实来支持自己的观点，但最后，由于委员会支持教授们的意见，阿仑尼乌斯的答辩成绩只得了3分。

激烈的辩论之后，阿仑尼乌斯的电离理论仍然得不到理解，尤其是在瑞典，几乎没有人支持。为了寻求更加广泛而公正的评价，他把自己的论文分别寄给了欧洲的一些著名科学家。不久，波恩的克劳修斯，住在杜宾根的迈尔和长居俄国里加学院的奥斯特瓦尔德，以及荷兰的青年化学家范特霍夫，都先后给他写来了评价很高的支持信件。这无疑是对他的莫大的支持，他坚信自己是正确的。

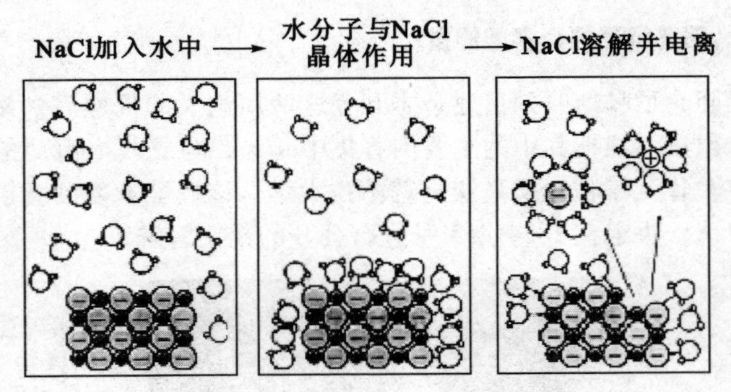

氯化钠在水的作用下产生离子

奥斯特瓦尔德对阿仑尼乌斯的工作表现出特殊的兴趣。1884年8月，奥斯特瓦尔德专程来到乌普萨拉会见这位青年学者，提出了研究“酸的催化作用”的合作计划。一位欧洲著名学者的来访，轰动了暑假中宁静的乌普萨拉大学的校园，克莱夫教授、塔伦教授对阿仑尼乌斯受到如此特别的器重，都感到十分惊奇。慌乱之中的大学当局，当即决定再次为阿仑尼乌斯举行论文答辩，这次答辩进行得异常顺利，论文被通过。

事后不久，阿仑尼乌斯被任命为物理化学副教授，但固执的克莱夫教授及其支持者们，仍然拼命地反对新生的电离理论。无奈之下，阿仑尼乌斯只好离开乌普萨拉城，重新回到斯德哥尔摩，在埃德伦德教授的实验室里，继续深入研究电解质的导电性。

埃德伦德非常看重阿仑尼乌斯的知识和敏锐的观察能力，特别赞赏他敢于冲破传统观念、追求真理的精神，对他的工作予以全面支持和热心指导。在教授的帮助下，他越来越多的科学成果受到重视。1885年底，阿仑尼乌斯获得瑞典科学院的一笔奖金，从而使他有了出国深造的条件。

5. 因游学各国而成为泰斗

1886年，阿仑尼乌斯来到俄国，在里加工学院奥斯特瓦尔德的实验室里，完成了他们早已确定的合作计划，用电离理论的新观点从理论上说明了酸起催化作用的根本原因。接着，他又去了武尔茨堡，在电学家科尔劳什教授的实验室里，研究气体的导电性。

1887年，他又去了格拉茨，在波尔兹曼的实验室里工作。

1888年，他到了荷兰的阿姆斯特丹，同范特霍夫合作，进行了一系列与电解质溶液冰点降低有关的测定。他们根据实验结果，计算了范特霍夫关于稀溶液渗透压公式中的等渗系数值以及电离度等数据，并以电离理论加以解释。这种合作使双方都得到启迪，感到收益巨大。

此后，阿仑尼乌斯又赶到里加工学院，在奥斯特瓦尔德领导的物理化学研究所从事新的实验研究，进一步丰富与完善了电离理论。

1888年夏天，阿仑尼乌斯结束了对欧洲各国的周游，兴冲冲地回到自己的祖国，以报答对祖国的热爱，他渴望长期工作在家乡的土地上。然而现实却令他十分失望，他的成就仍然得不到科学界的承认，就连一贯支持他的埃德伦德老教授，也与世长辞了。他想回乌普萨拉，但由于克莱夫教授的反对，乌普萨拉大学连一个化学助教的职位也不能给他安排，他只好去给生理学家汉马尔斯腾教授当助手。直到1891年，在奥斯特瓦尔德的推荐下，阿仑尼乌斯收到了德国吉森大学聘他为物理化学教授的邀请。这件事引起了国内学术界对他的关注，人们前来挽留他。出于对祖国的热爱，阿仑尼乌斯毅然谢绝了这一聘任，宁愿留在斯德哥尔摩工学院任物理学副教授。此后，他在国内的学术地位才受到了普遍的认同，国际上的威望也越来越高。1895 年，他成为德国电化学学会会员，次年他出任斯德哥尔摩大学校长。

6. 因功绩不没而殊荣不朽

阿仑尼乌斯在物理化学方面造诣很深，他所创立的电离理论留芳于世，直到今天仍长盛不衰。

他是一位多才多艺的学者。在天文学方面，他从事天体物理学和气象学研究，在 1896 年发表了“大气中的二氧化碳对地球温度的影响”的论文，还著有《天体物理学教科书》。在生物学研究中他写作出版了《免疫化学》及《生物化学中的定量定律》等书。他作为物理学家，对祖国的经济发展也作出了重要贡献。他亲自参与了对国内水利资源和瀑布水能的研究与开发，使水力发电网遍布瑞典。

他的智慧和丰硕成果，得到了国内广泛的认可与赞扬，就连一贯反对他的克莱夫教授，自 1898 年以后也转变成为电离理论的支持者和阿仑尼乌斯的拥护者。那年，在纪念瑞典著名化学家贝采里乌斯逝世 50 周年集会上，克莱夫教授在其长篇演说中提道：“贝采里乌斯逝世后，从他手中落下的旗帜，今天又被另一位卓越的科学家阿仑尼乌斯举起。”他还提议选举阿仑尼乌斯为瑞典科学院院士。

由于阿仑尼乌斯在化学领域的卓越成就，1903 年他荣获了诺贝尔化学奖，成为瑞典第一位获此科学大奖的科学家。1905 年以后，他一直担任瑞典诺贝尔研究所所长，直到生命的最后一刻。

19 “扑克牌”里出来的伟大发现
——绘制化学地图的人

◇ ……………

1907年2月9日，俄国首都彼得堡，在街上缓缓移动着一支几万人的送葬队伍，在队伍最前头，既不是花圈，也不是遗像，而是由十几个青年学生扛着的一块大木牌，上面画着好多方格，方格里写着“C”、“O”、“Fe”、“Zn”等元素符号。

门捷列夫

这天，寒风凛冽，太阳黯淡无光，气温表上的水银柱已经降到-20℃以下。街上到处点着蒙有黑纱的灯笼，公路的两旁挤满了绵延不尽的低声抽泣的人，显出一派悲哀的气氛。

这种不凡的送行场面的缘由何在？原来，俄国的民众、学者自发地悼念一位科学巨匠——门捷列夫（1834—1907），木牌上画着好多方格的表是化学元素周期表——门捷列夫对化学的主要贡献。

如果没有门捷列夫绘制的元素周期表，人类对自然界的认识很可能要推后几十年甚至上百年。恩格斯在《自然辩证法》中指出：“门捷列夫不自觉地应用黑格尔的由量变到质变的规律，完成了科学上的一个壮举。这个壮举可以和勒维烈计算尚未知道的行星海王星的轨道的壮举居于同等地位。”然而，就是这样一位伟大的科学家，却没有获得诺贝尔奖，就连俄国科学院院士都不是。

1. 偏科：求学的艰难

门捷列夫的父亲是俄国西伯利亚托博利斯克市的一位中学校长，他的母亲为他生了17个兄弟姐妹，门捷列夫排行14。在他出生不久，父亲因眼睛疾病而双目失明，随后丢掉了校长的职务，微薄的退休金难以维持生计，全家只得投奔经营玻璃厂的舅舅。

在那里，他看到工人们加工各种玻璃器皿很是好奇，便偷偷钻进工厂的车间，他把一根长管子伸进熔炉，等玻璃烧化得黏糊糊时，鼓足腮帮子将玻璃吹成一个大球，慢慢地他吹制的玻璃瓶越来越得到人们的夸赞。

化学玻璃仪器

门捷列夫7岁时和十几岁的哥哥一起考入市中学，在当地轰动一时，大家都认为门捷列夫具有神童般的天资，将来一定能成大器。但是，门捷列夫固执的性格导致了他在学习上很不均衡，他偏爱自然科学，讨厌拉丁语，多亏拉丁语教师是门捷列夫的表兄，才勉强及格，准许毕业。

毕业后，门捷列夫与一群不喜欢拉丁语的同学，登上了能俯瞰全市的山丘顶，一起烧毁了拉丁语课本，以此来庆祝他们的毕业。后来门捷列夫成为俄国最著名的化学家，于1899年访问故乡时，他再一次登上这座小山回忆当年。他很后悔上学时的偏科，这使他在以后又花费了很大的力气去弥补它。

在门捷列夫上中学期间，家庭接连遭遇不幸，13岁时多病的父亲散手人寰，14岁时舅舅的工厂被一场大火化为灰烬。坚强的母亲变卖家产，经过2000多千米艰辛的马车旅行，辗转来到莫斯科市，准备让聪明的门捷列夫报考莫斯科大学，但是，死板、严格的制度规定门捷列夫所在中学的毕业生不能报考。

母亲带着他来到首都彼得堡，幸运的门捷列夫在那里考上了外科医学院。但是门捷列夫第一次看到尸体解剖，就晕了过去，他只好放弃这个专业。

走投无路的门捷列夫母子，来到彼得堡大学附属的师范学校，这是先父的母校，恰巧学校的校长是父亲的同学，因而给予他诸多照顾。就这样，门捷列夫进入了这所学校的理学部学习，并得到政府津贴住宿生的待遇。同年9月，筋疲力尽的母亲安息他乡，16岁的门捷列夫成为孤儿。寒风凛冽中，孤独的门捷列夫站在母亲的坟头，他终于明白了母亲的用心良苦，他决心以聪明的头脑和远大的理想来报答母亲的宏愿。

2. 困惑：资料的积累

师范学校毕业后，门捷列夫在利谢尔耶夫高等法政学院附属中学担任了数学、物理和自然科学教师。他在搞好教学工作的同时，密切关注化学的发展。他以极大的毅力，克服种种不利条件，以惊人的总结能力和广博的化学知识，研究并发表了多篇化学论文。1857年，年仅23岁的门捷列夫凭借卓越的研究成果破格被彼得堡大学聘为副教授。

在彼得堡大学，门捷列夫负责讲授基础化学课，然而，令门捷列夫倍感困惑的是：当时所使用的教科书缺乏系统性，仅仅是大量的零散资料的杂乱堆积，严重地影响着教学效果。他决定编写一部教科书。

他开始搜集资料，只要是能找到的信息他都不放过。他把当时已知的元素的性质和有关数据，收集在一起，进行分类比较。然而新的困惑又摆在他的面前：地球上究竟有多少元素？这些元素之间是否存在内在的规律？

同样的困惑也曾出现在前人或与门捷列夫同时期的化学家面前。当时被人们所认识的元素有63种，进一步寻找新元素成为化学家最热门的课题。化学家确定新元素首先是测定元素的原子量，再研究元素的性质。但是因为缺少正确的理论指导，寻找新元素的工作也带有很大的盲目性，经常是白白地耗费了许多精力。化学家尽力使元素原子量与性质联系起来，试图找到规律。然而，几十年过去了，都没得到实质性的进展。

为了使这个问题得到彻底解决，从1862年起，门捷列夫除借各种参观学习的机会，收集和完善元素的信息外，他还亲自做实验，对283种物质逐个分析测定，他还重新测定了某些元素的原子量。这使他对许多物质和元素的性质的认识更加直观，对现有的元素的基本特征有了非常深刻的认识。

3. 扑克：地图的诞生

门捷列夫对元素的基本特征反复分析、比对，他发现一些元素除有特性之外还有共性。为了方便比较，他为每种元素都建立了一张长方形纸板卡片，在纸板上写上了元素符号、原子量、元素性质及其化合物，就像玩一副别具一格的元素扑克牌一样，反复排列这些卡片。曾经有一段时期，已荣升副教授的门捷列夫不进实验室，不做研究，甚至不读书，整天都在玩弄他的扑克牌，成为大家厌恶的不学无术的浪荡公子。然而，如此着迷的门捷列夫已经不能控制自己，无论大家怎么议论，仍然我行我素，继续玩着他自制的扑克牌。

终于有一天，当他把元素按照原子量的大小依次排列时，发现性质相似的元素，它们的原子量并不相近；相反，某些性质不同的元素，它们的原子量反而相近。

门捷列夫激动了，信心倍增，反复测试和不断思索。他把原子量相近的元素自上而下按照依次增大的次序排成一行（门捷列夫的第一张周期表是竖着排的），性质相似而原子量不相近的元素排在相邻的另一行。他发现镁的性质与锌相近，便把这两种元素排在相邻的两行中。根据原子量，在同一行中锌的下面应该是砷，但如果把它直接排在锌的下面，砷就和铝相邻了，而它们的性质又不相近。如果把砷再往下排一点，它又和硅相邻了，可是硅的性质也不同于砷，所以砷应该再往下排，排在和磷相邻的位置。这样一来，在锌和砷之间还留有两个空位，这又如何解释呢？门捷列夫激动地设想，这些空位也许属于尚未发现的元素，而它们的性质应与铝和硅很相近！

ОПЫТЪ СИСТЕМЫ ЭЛЕМЕНТОВЪ.

ОСНОВАННОЙ НА ИХЪ АТОМНОМЪ ВѢСѢ И ХИМИЧЕСКОМЪ СХОДСТВѢ.

			Ti=50	Zr=90	?=180.
			V=51	Nb=94	Ta=182.
			Cr=52	Mo=96	W=186.
			Mn=55	Rh=104,4	Pt=197,4
			Fe=56	Ru=104,4	Ir=198.
			Ni=Co=59	Pl=106,6	Os=199.
H=1			Cu=63,4	Ag=108	Hg=200.
	Be=9,4	Mg=24	Zn=65,2	Cd=112	
	B=11	Al=27,4	?=68	Ur=116	Au=197?
	C=12	Si=28	?=70	Sn=118	
	N=14	P=31	As=75	Sb=122	Bi=210?
	O=16	S=32	Se=79,4	Te=128?	
	F=19	Cl=35,5	Br=80	J=127	
Li=7	Na=23	K=39	Rb=85,4	Cs=133	Tl=204.
		Ca=40	Sr=87,6	Ba=137	Pb=207.
		?=45	Ce=92		
		?Er=56	La=94		
		?Yt=60	Di=95		
		?In=75,6	Th=118?		

Д. Менделѣевъ

门捷列夫的第一张元素周期表

就这样，他不停地排来排去，意料之外的结果出现了：单质的性质以及元素化合物的形式和性质都与元素原子量的大小有周期性的依赖关系，即元素的性质随着原子量的增加而呈周期性的变化，但又不是简单的重复。

这个沉睡已久的规律终于浮出水面，门捷列夫兴奋极了，绘出了他的第一张元素周期表。这一天是1869年2月19日。

4. 艰难：规律的认可

门捷列夫在他题为《元素性质与原子量的关系》的论文中，首次提出了元素周期律，并发表了第一张元素周期表。这个表包括了当时科学家已知的63种元素，表中共有67个位置，尚有4个空位只有原子量而没有元素名称，门捷列夫假设，有这种原子量的未知元素存在。

1869年3月，门捷列夫正式向俄罗斯化学学会阐述了自己发现的元素周期律，然而迎接他的不是掌声，而是嘲讽和贬斥："这不是化学，而是魔术！"俄罗斯科学院院士、化学界权威齐宁，也在信里如此提醒这个年轻人："该是在化学方面干点正事的时候了！"

在门捷列夫孕育元素周期表的日子里，他出了名的爱玩扑克牌，经常遭到大家的冷漠和指责。但是，为了引起化学界对元素周期律的注意，门捷列夫在一次俄罗斯化学会专门邀请顶级专家参加的学术讨论会上，当众展示扑克牌里的规律，一直坐在旁边观看的门捷列夫的导师胡子气得都撅起来了，他再也不能忍受了，一拍桌子站起来，以师长的严厉声调说道："快收起你这套魔术吧，身为教授、科学家，不在实验室里老老实实地做实验，却异想天开，摆摆纸牌就要发现什么规律，这些元素难道就由你这样随便摆布吗？"老人越说越激动，一边还收拾东西准备离去，其他人见状也纷纷站起，使得这场严肃的难得的讨论会不欢而散。

为了能够得到学术界的认可，门捷列夫积极寻求实验依据，他大胆地指出某些元素公认的原子量是不准确的，应重新测定。例如，当时公认的金、锇、铱、铂的原子量分别为 169.2、198.6、196.7、196.7。如果根据这些原子量来排位的话，金应该排在锇、铱、铂的前面。但是根据元素性质的变化规律，门捷列夫确定金应该排在这些元素的后面。因此，他指出：它们的原子量不准确，应该重新测定。事实上，重新测定的结果是：锇为 190.9，铱为 193.1，铂为 195.2，金为 197.2。实验证明了门捷列夫的意见是对的。又如，当时铀公认的原子量是 116，是三价元素。门捷列夫则根据铀的氧化物与铬、铂、钨的氧化物性质相似，认为它们应属于一族，铀也应为六价元素，它的原子量也不是 116，应该为 240 左右。经测定，铀的原子量为 238.07，再次证明门捷列夫的判断正确。基于同样的道理，门捷列夫还修正了铟、镧、钇、铒、铈的原子量。事实验证了元素周期律的正确性。

根据元素周期律，门捷列夫还预言了 15 种当时尚未发现的元素的存在和它们的性质。1875 年法国化学家布瓦博德朗在分析闪锌矿时发现一种新元素，命名为镓。他公布的镓主要性质都和门捷列夫预言的类铝一样，只是相对密度不一致。为此，门捷列夫写了一封信给巴黎科学院，指出镓的相对密度不是4.7，应该是5.9～6.0。当时的布瓦博德朗很疑惑，镓还在自己的手里，门捷列夫还没有见到过，他是怎样知道镓的相对密度的呢？出于慎重考虑，他对样品进行了提纯，并重新测量镓的相对密度，发现确实是5.96，这结果使他大为惊讶。他认真地阅读了门捷列夫的周期律论文后，感慨地说：“我没有可说的了，事实证明门捷列夫这一理论的巨大意义。”门捷列夫的元素周期律再次经受了实践的检验。

门捷列夫预言的元素性质	其他科学家发现的元素性质
类铝 Ea （门捷列夫，1871年） 容易用还原法制取 熔点低 密度为6 不受空气影响，烧至红热时能分解水蒸气；容易受酸、碱的作用； 与铝钾矾相比，其钾矾更易于溶解，但结晶要困难些 氯化物化学式为 Ea_2Cl_6 氧化物化学式为 Ea_2O_3 原子量为68	镓 Ga （布瓦博德朗，1875年） 容易用电解其碱溶液的方法取制 熔点为29.8 ℃ 密度为5.96 不挥发；烧至红热时只是表现被氧化，在高温下分解水蒸气；微溶于冷的硝酸中，易溶于热的盐酸中以及KOH溶液中，能生成矾类 氯化镓 Ga_2Cl_6 氧化镓 Ga_2O_3 原子量为69.9

门捷列夫的预言

在此之后，门捷列夫所预言的多种未知元素陆续被发现，而且这些元素的性质与预言惊人地吻合，元素周期律就像一颗重型炸弹在世界上空响起，世界为之震惊了。1871年，那个在两年前劝他“干点正事”的齐宁先生，也来信表达了对门捷列夫的大力支持，并承认了门捷列夫的基本理论和结论。

随着元素周期律被广泛承认，门捷列夫成为闻名于世的卓越化学家。各国的科学院、学会、大学纷纷授予他荣誉称号、名誉学位以及金质奖章。1882 年，英国皇家学会授予门捷列夫戴维金质奖章；1889 年，英国化学学会授予他最高荣誉——法拉第奖章。沙皇也多次接见他，甚至在门捷列夫因重婚罪而被判刑时，也“考虑到他为俄国带来的杰出声誉”，沙皇赦免了他，其原因是：“俄罗斯只有一个门捷列夫!”

5. 高傲：性格的代价

门捷列夫生性大胆又直言不讳。在他的人生轨迹上，这种“高傲而有棱角”的性格，很快让他为此付出了代价。

作为俄国最伟大的化学家，门捷列夫虽然享有崇高的国际声誉，但他并不是俄国科学院成员。这种怪事与门捷列夫极具棱角的性格有密切的关系。1880 年，俄国科学院院士齐宁逝世，在增补空缺的院士位置时，人们认为理当属于门捷列夫，他本人也适时递交了申请。不料，科学院的常任秘书寻找各种借口甚至动员科学院院长行使否决权。结果，门捷列夫以 9 票赞成、10 票反对而落选。具有讽刺意义的是：在门捷列夫不断地被选为外国科学院的名誉会员的形势下，俄国科学院被迫推选他为院士，但由于气恼，门捷列夫拒绝加入科学院。

任彼得堡大学化学教研室主任和化学教授的门捷列夫也是个政治活跃分子，他极力反对陈规陋习和政府的蒙昧政策。1890 年 3 月，俄罗斯爆发了一场学生运动，门捷列夫以个人名义帮助学生向教育部部长递交了请愿书。结果，第二天他就收到了自己送去的袋子，信函里写着：“五等文官门捷列夫呈送之信件返还本人。”这近似羞辱的口吻，令门捷列夫当即决定向学校辞职。校长拒绝接受他的辞呈，学校 50 位教授联名请求挽留门捷列夫。然而教育部却没有任何表示。在上完最后一堂公共化学课后，他用颤抖的声音说：“祝愿你们能以最平和的方式找到真理!”从此门捷列夫永远告别了这所自己工作了 24 年的大学。

时过境迁，1906 年度诺贝尔化学奖开始评选，鉴于门捷列夫对化学发展做出的巨大贡献，评选委员会推荐他为候选人。然而，意料之外的事再次降临到这位享有国际声誉的科学家头上。在评选过程中，瑞典皇家科学院化学家阿仑尼乌斯对门捷列夫提出了措辞极其强烈的批评和贬低，最终使他与诺贝尔奖失之交臂。后来才得知，门捷列夫曾经批评阿仑尼乌斯的研究论文水平低下，恼羞成怒的阿仑尼乌斯终于找到了报复的机会。经历了太多的风风雨雨的门捷列夫，此时已经不会为此愤怒或惋惜了——他已习惯淡泊名利，关心的只是科学和国家的命运。

1907 年 2 月 2 日，饱受病痛折磨的门捷列夫因心肌梗死与世长辞。他是在书桌前去世的，而当时他的笔还紧握在手中。就这样，积劳成疾、双目半盲的门捷列夫，在人生未曾到达预期的地点之前突然终止了。

人们永远记得门捷列夫，永远记得元素周期律。因为，是门捷列夫揭示了物质世界的一个秘密，使似乎毫不相关的元素间的依存关系，变成了完整的自然体系。元素周期律作为描述元素及其性质的基本理论，有力地促进了现代化学和物理学的发展，为以后元素的研究、新元素的探索，新物质、新材料的寻找提供了一个可遵循的规律。

门捷列夫用自己的行动证实了自己的格言：“什么是天才？终身努力，便成天才！”

20 利用空气做面包的“罪人”
——最受争议的化学家

◇

至19世纪，德国化学家李比希从元素来源的角度论证了化学物质对植物生长的重要作用以来，化学肥料极大地提高了农作物的收成，使食品供应状况得到空前的改善。当时这些化学肥料主要是磷肥。氮元素是人体所必需的元素之一，在自然界中氮元素却是以十分稳定的氮气的形式存在，所以，对于氮肥，始终没有得到实质性的解决。

哈伯

20世纪初举世闻名的德国物理化学家弗里茨·哈伯（Fritz Haber，1868—1934）经过反复试验，最终找到了将氮气转化为氨气的最佳方法，满足了农业发展的需要，解决了人类的粮食问题。为此，1918年将诺贝尔化学奖授予哈伯。

这位早已长眠地下的杰出的化学家，也许不会想到他的功过是非曾引起世人的激烈争论。有人认为哈伯是“解救世界粮食危机”的天使，他是用空气做面包的“神灵”，是他奠定了现代氮肥工业基础，给人类带来了丰收的喜悦；然而，诅咒他的人却说：他是开创毒气弹先河的“魔鬼”，是他给人类带来灾难、痛苦和死亡。

两种针锋相对、截然不同的评价，令人愕然。事实上，哈伯一生所走的道路是辉煌而又坎坷的，他是国家的忠实儿子。德国科学家马克斯·普朗克和马克斯·冯·劳厄在缅怀这位杰出的化学家时强调：“没有人可以怀疑哈伯对国家的忠诚。”

1. 解救粮食危机

在19世纪以前，农业上所需的氮肥主要来自有机物的副产品，如粪类、种子饼及绿肥。随着世界人口的增长，对粮食的需求量也日趋增大，因而对氮肥的需求量在迅速增长。后来，在智利发现了硝酸钠矿产地，储存量很大，但远远不能满足人类的生产粮食和军事的需要。为了使子孙后代免于饥饿，有远见的化学家开始探索大气固氮的漫长道路。

19世纪下半叶，科学家经过反复研究，成功地实现了在实验室由氮、氢合成氨的反应。但是，实现合成氨工业化生产曾经是一个百年难题。曾经有人希望在常压下进行反应，后来又增加到50个大气压，但都失败了。随着物理化学理论的发展，人们认识到氮气、氢气合成氨是可逆反应。考虑到达到平衡后氨的含量和化学反应速率的双重因素，德国物理化学权威能斯特先生提出：工业合成氨的条件应该是高温、高压和适当的催化剂。

法国化学家勒夏特列进行高压合成氨的实验时，在合成塔中混进了氧气而发生了巨大的爆炸。事故之后没有科学家敢再涉足这个课题，但是哈伯留下来了，他决心继续攻克这一令人生畏的难题。

2. 探求合成的路子

哈伯首先考虑的是如何制得氮气和氢气。哈伯没有盲从权威，所有问题都经过实验来检验。哈伯设计了利用碳与水、氧气反应的原理，把水转化为氢气，把空气中的氧气除去而获得氮气的工艺流程，并在实验室获得成功，从而解决了生产廉价的原料气的疑难问题。

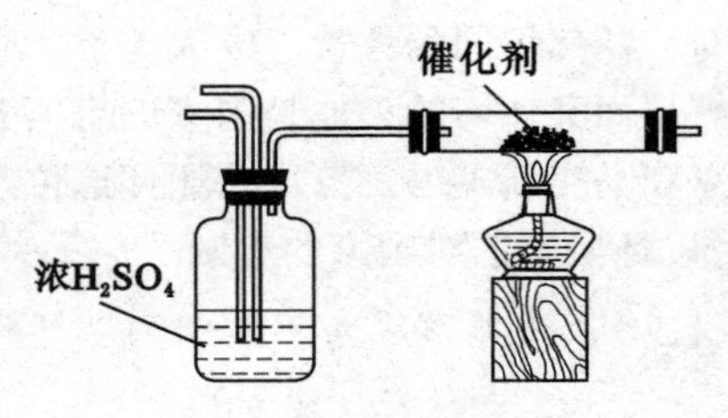

实验室合成氨装置图

那么，氮气和氢气应该在多高的温度和多高的压强下进行反应呢？该反应使用哪种催化剂最好？这些问题都需要耗费大力气探索，哈伯经过不断的实验和计算，终于取得鼓舞人心的突破。哈伯在实验室采用600℃、200个大气压和用金属锇作催化剂的条件下，首次取得突破，经过计算，用哈伯的方法合成氨的产率约为8%。

在硫酸生产中二氧化硫氧化反应的转化率几乎接近100%，而现在只有8%的转化率，远远不能满足大规模的工业生产所要求的经济效益。根据现有的技术要想继续提高似乎已经不可能了。哈伯苦思冥想之中忽然闪过一个念头：如果能使反应气体在高压下循环使用，同时不断地把反应生成的氨分离出来，那么氮气和氢气就会继续反应生成氨气，产率就不止是8%了，而是无穷无尽的！哈伯很兴奋，马上做实验。实验证明，这个工艺过程可行！

哈伯制作的合成氨装置

哈伯成功地设计了原料气的循环工艺，这就是氨的哈伯合成法。哈伯对这一流程深信不疑，将他设计的工艺流程交给了德国的巴登苯胺和纯碱制造公司，该公司是当时最大的化工企业。

3. 终于获得了成功

氨的工业化生产还面临着挑战。对于合成氨的反应来说，无疑锇是非常好的催化剂，但是当与空气接触时，锇立刻转变为挥发性的四氧化物，而且锇的储量极少。于是，哈伯建议采用铀做催化剂，然而铀很贵，而且对痕量的氧和水都很敏感。为了寻找高效、稳定的催化剂，两年间，他们进行了多达 6500 次试验，测试了 2500 种不同的配方，最后选定了含铅镁促进剂的铁催化剂。

接下来的问题是开发适用的耐高压设备。当时的材料主要是两种：低碳钢和熟铁。能受得住 200 个大气压的材料当然选用低碳钢，却需当心氢气对低碳钢的脱碳腐蚀。多少个日夜过去了，最后他们决定在低碳钢的里层用熟铁做里层衬，熟铁虽没有强度，却不怕氢气的腐蚀，这样总算解决了难题。终于在 1913 年底，哈伯合成氨的梦想得以实现，巴登公司在德国奥堡建成世界上第一座日产 30 吨合成氨的工厂。

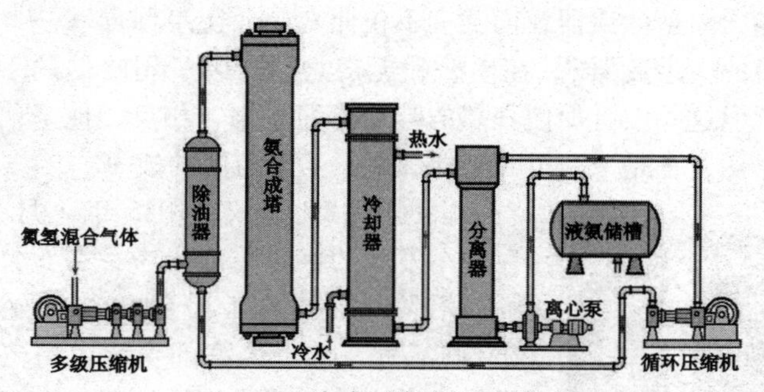

工业合成氨的流程示意图

哈伯的发明震撼了全球化学界，并产生了划时代的效应。他的发明使大气中的氮变成生产氮肥永不枯竭的廉价来源，从而减弱了农业生产对土壤的依赖程度，结束了人类完全依靠天然氮肥的历史，给世界农业发展带来了福音，哈伯成为“解救世界粮食危机”的化学天才。在化工生产上推动了高温、高压、催化剂等一系列的技术进步。哈伯从此成为世界闻名的大科学家。

4. 化学巨奖的争议

瑞典科学院考虑到哈伯发明的合成氨对全球经济的巨大推动作用，决定把1918年唯一的诺贝尔化学奖颁发给哈伯。这样伟大的成绩获得诺贝尔奖是当之无愧的。但是消息传来，全球一片哗然，一些科学家、尤其是英法两国的科学家认为这一决定玷污了科学界，甚至当时获得诺贝尔奖的其他学科奖项的科学家拒绝与哈伯同台领奖。

这是为什么呢？其原因在于哈伯在第一次世界大战中的表现。

1914年，世界大战爆发，民族沙文主义所煽起的盲目爱国热情，冲昏了哈伯的头脑，他被无情地卷入战争的漩涡。当时哈伯就任威廉物理化学及电化学研究所所长，德皇为了征服欧洲，要求哈伯全力研制最新式的化学武器。于是，他把自己的实验室变成了为战争服务的军事机构，并担任德国毒气战的科学负责人。

哈伯的妻子也是化学博士，很清楚毒气的危害，她恳求丈夫放弃这种惨无人道的武器，而丈夫不仅咒骂她，还声称毒气是“尽快结束战争的人道武器”。在愤怒和无奈之下，妻子用哈伯的手枪自杀身亡。但这并没有促使狂热的哈伯冷静下来，相反，他坚信自己所做的一切，都是“为了人类的和平，为了祖国的战争”。

盛放氯气的钢瓶

根据哈伯的建议，1915年4月22日在德军发动的伊普雷战役中，在6公里宽的前沿阵地上，在5分钟内德军施放了180吨氯气，约一人高的黄绿色毒气借着风势沿地面冲向英法阵地（氯气密度较空气大，故沉在下层，沿着地面移动），而且在战壕里滞留下来。

这股毒浪使英法士兵感到鼻腔、咽喉疼痛，随后有些人窒息而死。英法士兵被吓得惊慌失措，四散奔逃。据估计，英法军队约有15000人中毒。哈伯的建议和行为拉开了军事史上使用杀伤性化学毒剂的序幕。此后，交战的双方都使用了毒气。在哈伯担任厂长的化学兵工厂，又陆续诞生了多种杀伤性极强的毒气，并使用于战争中，毒气所造成的伤亡，连德国当局都没有估计到。在战争中使用毒气进行化学战，是极不人道的行为，在欧洲各国遭到人民的一致谴责。但哈伯认为，这是“尽早结束战争”的爱国行为。

英法等国科学家还认为：有了合成氨工业，就可以将氨氧化为硝酸盐以保证火药的生产，否则仅依靠智利的硝石，火药就无法保证，世界大战就不会发生。

而瑞典皇家科学院诺贝尔奖评审者认为：科学总是受制于政治，科学史上许多发明既可用来造福人类，也可用于毁灭人类文明。科学发明创造被用于非正义的战争，科学家是没有直接责任的。合成氨工业化生产的实现和它的研究对化学理论发展的推动是巨大的，诺贝尔化学奖授予哈伯是正确的，哈伯接受此奖也是当之无愧的。

5. 他自称罪人

战争结束不久，哈伯受到世人的强烈谴责，他的功绩也因此而蒙羞，他在精神上受到很大的震动，害怕被当作战犯而逃到乡下约半年。哈伯也曾经表白：“我是罪人，无权申辩什么，我能做的就是尽力弥补我的罪行。”

后来的岁月里，哈伯为弥补自己的罪行，噙着悔过的眼泪，拼命工作着、努力着。哈伯为了能使协约国如期获得应有的战争赔款，设计了一种从海水中提取黄金的方案，但遗憾的是海水中的含金量远比想象的要少得多，他的努力付诸东流。

此后，哈伯把全部精力都投入到科学研究中，他特别注意为他的同事们创造一个毫无偏见、能独立进行研究的环境，他又强调理论研究和应用研究相结合，培养出了众多高水平的研究人员。在他卓有成效的领导下，他的威廉物理化学研究所最终成为第一流的科研单位，成为世界上化学研究的学术中心。

为了改变大战中给人留下的不光彩印象，他积极致力于加强各国科研机构的联系和各国科学家的友好往来，他的实验室里接纳了来自世界各国的诸多学者。友好的接待、热情的指导，不仅得到了科学界对他的谅解，同时使他的威望日益增高。1920 年，哈伯的名字从战犯名单里剔除，瑞典皇家科学院为他举行了迟到的授奖仪式。

然而，坎坷一生的哈伯再次面临一场悲剧。

1933 年，希特勒篡夺德国政权，建立法西斯统治后，开始推行以消灭“犹太科学”为已任的所谓“雅利安科学”的闹剧，法西斯当局命令解雇一切在科学和教育部门的犹太人。尽管哈伯是著名的科学家，但因为他是犹太人，同样遭到残酷的迫害。弗里茨·哈伯这个伟大的化学家被改名为“Jew·哈伯”，即犹太人哈伯。他所领导的威廉研究所也被改组。

哈伯于 1933 年 4 月 30 日庄严地声明：“40 多年来，我一直是以知识和品德为标准去选择我的合作者，而不是考虑他们的国籍和民族，在我的余生，要我改变认为是如此完好的方法，则是我无法做到的。”随后，哈伯被迫离开了他热诚服务了几十年的祖国，流落他乡。他应英国剑桥大学的邀请，到鲍波实验室工作。4 个月后，以色列的希夫研究所聘任他到那里领导物理化学的研究工作，但是在去希夫研究所的途中，哈伯的心脏病发作，于 1934 年 1 月 29 日在瑞士逝世。

哈伯虽然被迫离开了德国，但是德国科学界和人民并没有忘却他，就在他逝世一周年的那一天，德国的许多学会和学者，不顾纳粹的阻挠，纷纷组织集会，缅怀这位伟大的科学家。

21 破漏的木棚屋中诞生的奇迹

——镭和镭的母亲

◇ ……………

自然界中的物质大都处在无休止的变化之中，放射性元素也会因释放出一定的射线而变成其他的元素。镭元素就是在这样的过程中形成的。但是由于镭含量只有 $1\times10^{-9}\%$，在浩瀚的大自然中发现它的存在是很不容易的，如果要制得镭单质或其化合物则更加困难。然而，1898 年居里夫妇经过艰苦的研究，间隔 5 个月就宣布了钋、镭两种元素的存在。4 年后制得了镭的化合物，并测定了镭的原子量，居里夫妇也因此在仅隔 8 年的时间内分别摘取了两项不同学科的最高科学桂冠——诺贝尔物理学奖与诺贝尔化学奖。

玛丽·居里

在世界科学史上，玛丽·居里（Marie Sklodowska Curie，1867—1934）是一个不朽的名字。这位伟大的女科学家，以自己的勤奋和天赋，在物理学和化学领域做出了杰出的贡献，并因此而成为唯一一位在两个不同学科领域、两次获得诺贝尔奖的著名科学家。

1. 射线引起的思考

法国物理学家贝克勒尔通过多次实验，于1896年发表了一篇工作报告，在这篇报告中详细地介绍了他发现的铀元素。报告称：铀及其化合物具有一种特殊的本领，它能自动地、连续地放出一种人的肉眼看不见的射线。这种射线和一般光线不同，能透过黑纸使照相底片感光；与伦琴发现的X射线也不同，它能够在没有高真空气体放电和外加高电压的条件下，从铀和铀盐中自动放出。

居里夫人设计的放射测定仪

这种奇特的现象，激起了居里夫人（玛丽·居里）极大的兴趣：铀及其化合物为什么会不断地放出射线，向外辐射能量？这种与众不同的射线的性质又是什么？这些能量来自什么地方？居里夫人决心揭开它的秘密。

为了研究的方便，居里夫人设计了一台专门研究射线的仪器，这台仪器既能判定是否有射线释放，还能测定射线的强弱。她租借了一间原来用作储藏室的闭塞潮湿的破木棚，在这里，她利用这台简单的仪器开始了研究。仅仅几个星期，她便取得可喜的成果，她证明：铀盐释放射线的强度与化合物中所含的铀量成正比，而与化合物状况无关，也不受外界环境（光线、温度）的影响。

研究中，居里夫人想：别的化学元素能否发出射线呢？她无法证明铀是唯一能发出射线的化学元素。她决定检查所有已知的化学物质。根据门捷列夫元素周期律排列的元素，居里夫人逐一进行测定，很快发现含钍元素的化合物，也能自动发出射线，而且与铀射线相似，强度也相像。居里夫人认定这种现象绝不只是铀的特有性质，必须给它起一个新名称，她提议叫它“放射性”，铀、钍等有这种特殊“放射”功能的元素，叫做“放射性元素”，为后来“放射学”的形成奠定了基础。

那间借来的潮湿的实验室

在对收集到的大量矿物进行测定之后，居里夫人发现：有些矿物的放射性强度比预计的大得多。这些现象用矿物中铀和钍的含量无法解释。一开始居里夫人还不敢确信这一结果，但是经过 20 多次的重复测量，她不得不承认这是事实。这种反常的过强的放射性是哪里来的？她检查了当时所有已知的元素，居里夫人断定：这些沥青矿物中含有一种少量的比铀和钍的放射性强得多的新元素。这是一个十分重要而吸引人的推断，尽管一些同行劝她谨慎些，她还是深信自己的试验没有错，并下定决心把这一新元素找出来。

2. 找到钋、镭两种元素

含钋的矿石

玛丽·居里的丈夫皮埃尔·居里是晶体方面的专家，玛丽·居里的发现吸引了丈夫的注意，他决定暂时停止自己的研究，协助妻子共同寻找这一未知元素。皮埃尔的加入，对于玛丽来说无疑是一个极大的鼓励和支持。

从此，在那间潮湿的实验室里，他们开始了不分昼夜的忙碌，他们废寝忘食，夜以继日，分析矿石所含有的各种元素及其放射性。然而，始料不及的是，这种新元素在矿石中的含量只不过百万分之一，这给他们的工作带来了难以想象的困难。

几经淘汰，他们逐渐得知那种产生反常放射性的未知元素，隐

居里夫妇一起工作

藏在矿石的两种化学物质里。经过不懈的努力，1898 年 7 月，他们终于找到一种新元素，它的化学性质与铅、铋相似，放射性却比铀强 400 倍。皮埃尔请玛丽给这一新元素命名，她安静地想了一会儿，回答说："我们可否叫它为钋。"玛丽以此纪念她念念不忘的祖国，那个在当时的世界地图上已被俄、德、奥瓜分掉的国家——波兰。

发现钋元素之后，居里夫妇以孜孜不倦的精神，继续对沥青铀矿进行研究，他们经过浓缩、分步结晶，终于得到了少量的不是很纯净的白色粉末（其中很大一部分是钡的化合物），这种白色粉末在黑暗中闪烁着白光。经测定，其放射性强度竟比纯铀的放射性强 900 倍。据此，居里夫妇把它命名为镭，它的拉丁语原意是"放射"。

1898 年 12 月 26 日，法国科学院人声鼎沸，年轻漂亮、神色庄重又略显疲倦的玛丽·居里走上讲台，全场立即肃然无声。她今天要和她的丈夫皮埃尔·居里一起，在这里宣布一项惊人的发现：天然放射性元素镭。本来这场报告她想让丈夫来做，但皮埃尔·居里坚持让她来讲。在此之前，还没有一个女子登上过法国科学院的讲台。玛丽·居里穿着黑色长裙，白净端庄的脸庞显出坚定又略带淡泊的神情，而那双微微内陷的大眼睛，让你觉得能看透一切，看透未来。她的报告使全场震惊，物理学进入了一个新的时代，而她那美丽、庄重的形象也就从此定格在历史上，定格在每个人的心里。

3. "新生儿"的诞生

钋和镭的发现，给科学界带来极大的不安。物理学家保持谨慎的态度，要等得到进一步的研究成果，才愿发表意见。而化学家则明确表示：测不出原子量，就无法说明镭的存在，除非"把镭指给我们看，我们才相信它的存在"。但是，要从铀矿中提炼出纯镭或钋，并把它们的原子量测出来，显然比从铀矿中发现钋、镭要难得多，因为居里夫妇既无足够的实验设备，又无购买矿石的资金和足够的实验费用。

然而，居里夫妇没有屈服，他们四处奔波，经历无数周折，终于获得了奥地利政府惠赠的1吨铀矿残渣，并答应若他们将来还需要大量的矿渣，可以在最优惠的条件下供应。他们又回到那间借来的连搁死尸都不合格的破漏木棚屋，开始了更为艰辛的工作。

这个木棚屋，夏天燥热得像一间烤炉，冬天却冻得可以结冰，不通风的环境还迫使他们把许多炼制操作放在院子里露天下进行。她每次都要把20多千克的废矿渣放入冶炼锅熔化，连续几小时不停地用一根粗大的铁棍搅动沸腾的材料，而后从中提取微量的物质。

他们以百折不挠的毅力，在这样的环境中坚持了四年。他们承受了毒烟的熏烤，繁重的体力劳动，终于在1902年，从7吨沥青铀矿的残渣中，经过几万次的提炼，得到了仅0.1克的纯净的氯化镭，并测得镭的原子量为225。居里夫妇又请法国化学家德马尔赛对镭进行了光谱测定。所有这一切都证明镭元素的存在，持怀疑态度的科学家不得不在事实面前低下头。这么一点点镭盐，这么一个简单的数字，凝聚了居里夫妇多少心血！

夜间，他们来到幽暗的破木棚里，欣赏着荧光闪烁的氯化镭，面对来之不易的“新生儿”，他们完全沉醉在幸福之中。每当居里夫人回忆起这段生活，都认为这是他们一生中最有意义的时光。

氯化镭样品

后来，居里夫人又对镭的原子量进行了更精确的测定，其数值为226.5。这和现在世界上公认的数值226.05已经很接近了。最后，居里夫人通过加热把镭盐变成熔融状态，并用电解法获得了金属镭。镭的存在也就不再有人怀疑了。

4. 男权体制中的拼搏

玛丽·居里一生都是强悍的、伟大的女权主义者。她曾冷静地对自己的女儿说：“在由男性制订规则的世界里，他们认为，女人的功用就是性和生育。”在这种男权体制中，玛丽·居里用自己的聪明才智极力为之抗争，她成功地创造了诸多第一。

法国巴黎大学

居里夫人是欧洲历史上第一个拥有博士学位的女性。1903 年 6 月，居里夫人凭借自己在放射性方面的特殊成果，在巴黎大学通过了她的博士论文，而后获物理学博士学位。

居里夫人是世界上第一个获诺贝尔奖的女性。1903 年 12 月，瑞典皇家科学院诺贝尔奖委员会宣布贝克勒尔和居里夫妇获得当年诺贝尔物理学奖，以奖励他们在放射性方面的杰出贡献。事实上，这本属当之无愧的殊荣，却经历了意料之外的争议，诺贝尔奖评选委员会曾在妇女能否参选的问题上产生过激烈的分歧，幸好得到丈夫皮埃尔的大力支持和舆论的压力才得以成功。

居里夫人是巴黎大学的第一位女教授。在巴黎大学硕士毕业后，她成为第一名女性讲师，但一直没能晋升为教授。直到 1908 年，在辉煌成果的影响下才成为巴黎大学的教授。

居里夫人经历的最大苦难是丈夫的不幸去世给她带来的磨难。1906 年 4 月 19 日，丈夫皮埃尔结束了一次科学聚会后步行回家，不料在横穿马路时被一辆奔驰而来的载货马车撞倒，辗压下当场失去了宝贵的生命。玛丽被这突如其来的沉重打击击倒了，她几乎变成了一个毫无生气的、孤独可怜的妇人。而有些人却在暗中观望：没有了丈夫，居里夫人会怎么样？然而，居里夫人在朋友的帮助下终于走出了阴影，自立自强的性格使她再次创造了更加辉煌灿烂的人生。

丈夫去世后，她勇敢地接替了皮埃尔生前的教职，继续皮埃尔讲授的物理学课程。当居里夫人怀着悲痛的心情步入演讲大厅时，听课的人们早已挤满了整个梯形教室，还塞满了理学院的走廊，还有因挤不进理学院而站到索尔本的广场上的人们。这些听众除学生外，还有许多与玛丽素不相识的社会活动家、记者、艺术家及家庭妇女。他们赶来听课，更重要的是为了向这位伟大的女性表示敬意和支持。

玛丽在颁奖会上演讲

在现在巴黎的国际衡度局内，还陈列着居里夫人当年亲手制备的镭，这是世界上第一个镭的样本。1910年9月，在国际放射学会议上，确定了以1克纯镭的放射强度，作为度量放射性强弱的单位。1911年，由于居里夫人在分离金属镭和钋以及研究镭性质上所做的杰出贡献，她又荣获了诺贝尔化学奖，而且只有她一个人的名字，她有幸成为第一个在两个不同领域获得两项诺贝尔奖的人。在颁奖演讲中，她简洁地澄清了第一次获奖中世界对她的不公："关于镭和放射性的研究，完全是我一个人独立完成的。"

时隔数月，44岁的玛丽接受友人建议，参加法国科学院院士竞选，得到了许多正派的科学家、公正的社会人士的热烈支持。巴黎《求精报》也在学院审查资格之日，以头版显著版面发表玛丽·居里的照片和手迹，表达了公众的热切愿望。然而，科学院一些顽固派坚持愚昧的男权思想，导致这位伟大的女性以一票之差落选。直到1922年，身为女性的两次诺贝尔奖得主才被选为法国医学科学院院士。

5. 没有被荣誉宠坏

在镭的研究过程中，由于恶劣的环境和放射性的影响，居里夫人的健康受到严重的损害。在她生命的最后一息，由于恶性贫血、高烧不退，躺在床上的时候，仍然要求女儿向她报告实验室的工作情况，替她校对她编写的《放射性》著作。1934 年 7 月 4 日，居里夫人不治身亡，享年 67 岁，她把她的一生完全献给了她所挚爱的科学事业。

在居里夫人去世后的悼念会上，爱因斯坦这样评价居里夫人："第一流人物对于时代和历史进程的意义，在其道德品质方面，也许比单纯的才智成就方面还要大。"爱因斯坦还说："在所有的著名人物中，玛丽·居里是唯一没有被盛名宠坏的人！"

事实确实如此，居里夫妇获得巨大成功后，各种聘书、荣誉接踵而来。瑞士的日内瓦大学曾以年薪 1 万法郎和教授的待遇聘请皮埃尔开设物理学讲座，居里夫妇谢绝了，而此时皮埃尔每个月只有 500 法郎的工资；他们发现放射性新元素钋和镭后，英国皇家学会邀请居里夫妇到伦敦讲学，并授予皇家学会的最高荣誉——戴维奖章；法国巴黎大学授予居里夫人物理学博士学位；巴黎大学理学院聘任皮埃尔为新设物理学正式教授；皮埃尔被推举为法国科学院院士。

爱因斯坦悼念玛丽

伴随着荣誉而来的是繁忙的社交活动。数百个社会团体请求居里夫人在各种宣言上签署自己的名字，但都被居里夫人婉言谢绝了；记者的频频采访，搅乱了他们的生活，稍有风吹草动就会成为新闻，成为时髦酒馆的谈话资料。他们为此深感不安，因为他们需要安静，需要继续工作，而不是骚扰。居里夫人很坦率地告诉记者："在科学上，我们应该注意事，不应该注意人。"

6. 生活俭朴、淡泊名利

居里夫妇只讲奉献、不求索取，并不计较那些没有价值的东西。当居里夫人的一个朋友来她家作客，突然看到她的小女儿正在玩英国皇家学会刚刚颁发给她的金质奖章，惊讶地问："英国皇家学会的奖章是极高的荣誉，你怎么能给孩子玩呢?"居里夫人笑了笑说："我是想让孩子从小就知道，荣誉就像玩具，绝不能看得太重，否则将一事无成。"

为了科学，他们的生活非常简朴。1895年，玛丽和皮埃尔结婚时，新房里只有两把椅子，正好一人一把。皮埃尔觉得椅子太少，建议多添几把，以免客人来了没地方坐，居里夫人却说："有椅子是好，可是客人坐下来就不走啦。为了多一点时间搞研究，还是算了吧！"

后来即使居里夫人的年薪已增至4万法郎，她每次从国外回来，总要带回一些宴会上的菜单，因为这些菜单都是很厚很好的纸片，在背面写字很方便。难怪有人说，居里夫人一直到死都"像一个匆忙的贫穷妇人"。有一次，一位美国记者寻访居里夫人，他走到村子里一座渔家房舍门前，向赤足坐在门口石板上的一位妇女打听居里夫人的住处，当这位妇女抬起头时，记者大吃一惊，原来她就是居里夫人！

镭问世18年后的一个早晨，一位叫麦隆内夫人的美国记者几经周折，终于在巴黎实验室里见到了端庄典雅的居里夫人，她那异常简陋的实验室，给这位美国记者留下了深刻印象。

18年前，居里夫妇放弃了他们的专利，并毫无保留地公布了镭的提纯方法。18年后，镭的提纯技术已使世界各地的商人腰缠万贯，在美国的市场上1克镭的价格是10万美元，而镭的发现者却为了研究的需要正为1克镭而发愁。

麦隆内夫人立即飞回美国，找到了10个女百万富翁，原以为她们肯定会解囊相助的，万万没想到都碰了壁。于是，她在全美妇女中奔走宣传最终获得成功。1921年5月20日，美国总统将公众捐献的1克镭赠予居里夫人。

数年之后，当居里夫人想在自己的祖国波兰华沙创设一所镭研究院，开展治疗癌病工作的时候，美国公众再次向她捐赠了1克镭。

居里夫人后来在自传中写道："人类需要勇于实践的人，他们能从工作中取得极大的收获，既不忘记大众的福利，又能保障自己的利益。但人类也需要梦想者，需要醉心于事业的大公无私。"

居里夫人一生曾拥有过3克镭。这3克镭，展示了一位科学家伟大的人格。

22 中国民族工业的骄傲
——制碱法的改进者

◇ ……

侯德榜

侯德榜（1890—1974）是中国著名的化工学家，“侯氏制碱法”的创始人，中国化学工业奠基人之一。侯德榜一生在化工技术上有三大贡献：第一，揭开了索尔维制碱法的秘密，打破了纯碱工业的技术垄断。第二，创立了中国人自己的制碱工艺——侯氏制碱法，为世界制碱工业的发展作出了杰出贡献。第三，倡导用碳化法合成氨流程制取碳酸氢铵，为发展我国化肥工业做出了卓越的贡献。

Na_2CO_3，化学名称叫做碳酸钠，俗名苏打、纯碱、洗涤碱，普通情况下为白色粉末，易溶于水，具有盐的通性。纯碱是一种重要的化工原料，许多工业部门都离不开它。在建材方面主要用于制造玻璃等；在轻工方面主要用于生产合成洗涤剂的添加剂三聚磷酸钠，用于保温瓶、搪瓷、皮革、肥皂、造纸、纺织等生产；在化工方面主要用于生产水玻璃、红矾钠、硝酸钠、亚硝酸钠、硼砂等产品；在冶金方面主要用作冶炼助熔剂、选矿用浮选剂、炼钢和炼锑的脱硫脱磷剂等；在食品工业方面主要用于生产味精、面食、发酵剂等。

在实现工业化生产之前，纯碱主要是从草木灰中提取碱液，或从盐湖水中提取天然碱，所以产量很低。随着18世纪中期工业革命的到来，人们在生产玻璃、造纸、制皂、印染、纺织等工业生产中急需大量的纯碱，而落后的生产方式已经不能满足日益膨胀的需求了，唯一可行的方法就是实现工业化生产。

1. 制碱工业的兴起

最早的纯碱制取方法出现在18世纪早期，一个名叫梅尔杜蒙先的炼金家用加热食盐和硫酸的方法生成硫酸钠，再用硫酸钠和木炭共热得到硫化钠，然后将醋酸跟硫化钠作用得到醋酸钠，最后干馏醋酸钠获得纯碱。

1778年，法国神父马厚比无意中发现，用硫酸钠、木炭和氧化铁一起灼烧，产物再用水溶解，过滤后可以得到碱性液体，蒸干后可以获得纯碱。他利用这一技术发明建造了世界上第一座纯碱工厂，使人类第一次实现了纯碱的工业生产。

利用上述方法，法国已经可以年产几千吨纯碱了，但是由于原材料消耗大，产品低纯度，高能耗，生产周期长等缺陷，仍然远远无法满足当时生产的需求。为此，法国科学院于1783年以高额奖金悬赏征求纯碱工业化生产的方案。

吕布兰

1789年，法国化学家吕布兰（N. Nicolas Leblamc，1742—1806）经过4年的努力，以食盐、硫酸、木炭和石灰石为原料，成功地创造了一种制碱的方法，并于1791年获得了法国专利权。利用这个技术，吕布兰在奥尔良公爵的资助下，在巴黎郊区建起了第一个日产250～300千克纯碱的吕布兰法制碱工厂，生产出来的纯碱满足了当时法国工业生产的需要，有力地促进了化学工业的发展，奠定了近代化工设备的基础，翻开了化学史上工业化生产的新篇章。

1823年，英国政府宣布取消盐税，以此为契机，在英国的利物浦、牛顿、弗莱明顿等地先后建立起吕布兰法制碱工厂，使得英国制碱工业突飞猛进，并遥遥领先于法国。而且，在生产过程中不断改进工艺，使得生产技术日臻完善。

造碱业主威廉·戈赛奇创造出用焦炭填充的洗涤塔，从塔底上升的氯化氢气体被从上面喷淋下来的水吸收，获得工业副产品盐酸，同时也减少了空气污染。而迪肯和胡尔特将氯化氢气体与预热的空气混合后通过催化剂，获得了氯气，再用于生产漂白剂。

工业化学家亚历山大·钱斯发明了从纯碱工厂回收硫的技术。将含有二氧化碳的烟道气通入含硫化钙的生产废料中，产生硫化氢气体，然后再用氧气将硫化氢氧化为单质硫。这些革新方式不仅减少了生产过程中排放的污染物，还获得了一系列实用的副产品，大大推动了制碱业的发展。

1825 年至 1875 年的 50 年间，是吕布兰制碱法的鼎盛时期，用此法生产的纯碱占全世界总产量的 95%。虽然吕布兰制碱法在推广应用中被不断完善，但仍然存在许多缺陷。这种生产方法主要是利用固相反应，需要在高温条件下生产，所以能耗高，产量低，又难以连续生产，另外还需要用硫酸做原料，设备腐蚀严重，环境污染严重，而且工人劳动强度很大，更重要的是产品纯度低，质量差，原料利用又不充分，所以产品价格较贵，无法与后来产生的新工艺相匹敌，于 20 世纪 20 年代被逐渐淘汰。

1810 年，法国物理学家菲涅耳（Augustin-Jean Fresnel，1788—1827）创造了一种制造纯碱的方法，以碳酸氢铵和食盐为原料，利用碳酸氢钠溶解度较小容易析出的原理制取纯碱。这种方法比较简便，曾一度在英国建厂投产。但是由于技术不过关，生产过程中氨的利用率过低，导致工厂严重亏损，最后被迫停产。

1861 年，比利时工业化学家索尔维（E. Ernest Solvay，1838—1922）发明了新的制碱方法。21 岁时索尔维进入他叔叔的煤气厂工作，专门研究煤气废液的再利用。在一次实验期间，他无意中发现用食盐水吸收氨和二氧化碳，可以得到碳酸氢钠，通过加热分解碳酸氢钠就可以获得纯碱。通过研究及反复实验，索尔维把这个方法改造成了工业化生产纯碱的工艺流程，同年获得了比利时政府给他颁发的纯碱工业生产专利，称为氨碱法（亦称为索尔维法）。1863 年，索尔维兄弟筹集资金，在比利时的库耶创办了制碱工厂，两年后日产就达 1.5 吨，1872 年产量达到日产 10 吨，使得纯碱价格从每吨 13 英镑跌到了 4 英镑，价格的降低促进了相关产业链的良性发展。

索尔维

索尔维制碱法产量高、质量优，所用原料容易获得，成本低廉，产品纯净，而且是以液相和气相接触反应为主，适于大规模连续生产。因此索尔维制碱法在全世界获得迅速发展，英、法、德、美等国相继建厂投产。但是掌握索尔维制碱法的资本家为了独享此项技术成果，组织了索尔维公会，对会员以外的国家实行技术封锁，垄断了纯碱生产的新技术。

2. 中国工业进步的象征

20 世纪初，我国还没有制碱工业，纯碱完全依赖从英国进口。由于爆发了第一次世界大战，纯碱产量大大减少，加上交通受阻，纯碱奇缺。而英国的纯碱制造商卜内门公司乘机抬高价格，甚至囤货不卖，致使我国以纯碱为原料的民族工业难以为继，纷纷倒闭。

范旭东

爱国实业家范旭东（1883—1945）决心打破外国人的垄断，生产出中国人自己的纯碱。1916 年，范旭东开始筹建永利制碱厂，1920 年在天津塘沽兴建永利碱业公司，他聘请正在美国留学的侯德榜先生出任总工程师。由于国外的技术垄断，碱厂开工之初，由于缺乏经验，生产很不正常，生产出的纯碱质量低劣。在侯德榜等一批技术骨干的努力下，解决了一系列技术难题，攻克一道道技术难关，逐渐摸索出索尔维制碱法的各项生产技术，揭开了索尔维制碱法的秘密，打破了外国人长期垄断的局面，奠定了中国近代化学工业的基础。1924 年 8 月，塘沽制碱厂正式开工投产，到 1926 年开始生产出优质产品，碳酸钠含量达到 99% 以上，范旭东将产品取名为“纯碱”。1926 年 8 月，永利公司的“红三角”牌纯碱获得美国费城万国博览会金质奖章，跃居世界榜首，而当年索尔维设厂生产的纯碱只不过获得 1867 年巴黎万国博览会的铜质奖章。专家给予的评语是：“这是中国工业进步的象征。”

成功生产出纯碱，总工程师侯德榜功不可没。1890 年 8 月 9 日，侯德榜出生于福建省闽侯县一个普通农民家庭。他自幼勤奋好学，即便是在稻田里踩着水车，手中依然捧着书本认真阅读，因而获得了“挂车攻读”的美名。1903 年，在姑妈的资助下，侯德榜只身来到福州英华书院读书。在校学习期间，出于强烈的爱国热情，他曾积极参加反对帝国主义的罢课示威活动。1907 年，侯德榜以优异的成绩毕业后，去上海闽皖路矿学堂求学，随后就职于英资津浦铁路。工作之余，立志于科学救国的他依旧抓紧时间学习，并于 1911 年考入北平清华留美预备学堂。通过 3 年的努力学习，以 10 门功课全部满分的优异成绩誉满清华园，被公费派往美国麻省理工学院化工科学习。1916 年获得美国麻省理工学院学士学位，1918 年毕业于美国纽约普拉特专科学院，进入美国哥伦比亚大学研究院研究制革，1919 年获硕士学位，1921 年获博士学位。他的毕业论文《铁盐鞣革》，被《美国制革化学师协会会刊》连载，成为制革界至今广为引用的经典文献之一。由于学习成绩优异，侯德榜被接纳为美国科学会荣誉会员和美国化学会荣誉会员。

1921 年 10 月，永利碱业公司董事陈调甫先生受范旭东先生的委托，为永利制碱厂特地到美国物色人才。在纽约，他遇到了刚获得博士学位的侯德榜，陈调甫先生说明了来意，并向侯德榜介绍了帝国主义国家对我国采取技术封锁，直接威胁我国民族工业的情况。具有强烈爱国心的侯德榜马上表示，立即放弃在美国的舒适生活，用自己学到的知识报效祖国，振兴中国的民族工业。

1921 年 10 月侯德榜回到祖国，被聘任为永利碱业公司的总工程师。刚到工厂，他就把所有的精力放在制碱生产中。从制碱厂的设计到施工，从制碱工艺设计到设备安装，从自行设计生产设备到改进工艺流程，从现场指挥到解决生产故障，侯德榜都身先士卒，他以探索者的勇气、生产者的细心和科学家的严谨来对待自己的工作。在他的带领下，技师、工人团结一心，为建成中国人第一家制碱工厂而勤奋工作。

索尔维制碱法的原理看起来比较简单，但是生产工艺流程却又是另外一回事。部分设备可以在国内制造，不能自制的还得到国外采购，再加上设备的安装、原材料的选择、生产流程的规划等问题，想要制造出高质量的纯碱谈何容易。由于外国公司的技术封锁，手头没有现成的参考资料，要掌握索尔维制碱方法只能完全依靠自己。在最初的两年时间内，侯德榜重复进行着研究、实验、再研究、再实验，不断攻克技术难题。

通过努力探索，终于完善了工艺流程，安装好了生产设备，谁知启动生产设备后不久，高高的蒸氨塔突然晃动得很厉害，并且发出巨响，接着干燥锅就停止了运转，试生产就这样夭折了。经过检查，原来所有的管道都被白色的沉淀物堵住了，侯德榜果敢地拿起大铁杆，用力往下捅，一会儿工夫就累得满头大汗，两眼直冒金星，即便如此也无济于事。侯德榜静下心来思考，单靠力气是解决不了技术问题的，于是决定采用加入干碱的办法，容器中的白色沉淀物终于脱水掉了下来，问题总算解决了。类似的故障还有很多，但都被侯德榜逐一排除了。

1924 年 8 月 13 日，终于迎来了投产的一天，参与建设的人们都想亲眼见证中国自己生产的第一批纯碱的诞生。谁知从烘焙干燥炉中出来的产品呈暗红色，而正常的产品应该是白色的，就像被当头泼了一盆冷水，在场的人都惊呆了。对于总工程师侯德榜先生而言，类似的状况时常发生，他镇定地检查了设备，终于找到了发生故障的原因。原来管道、反应塔等设备产生的少量铁锈污染了纯碱，导致纯碱变成了暗红色。经过研究，侯德榜决定用硫化钠处理设备，把铁塔内表面的铁锈转变为一层硫化亚铁保护膜，同时改造了生产设备。几经周折，终于生产出了纯白色的产品。这时侯德榜舒心地笑了，经过多年的摸索，终于掌握了索尔维制碱法的全部技术秘密，而且还有所创新，不仅缩短了工艺流程，还提高了产量。

侯德榜实现了自己报效祖国的誓言。

永利制碱厂成功投产后，侯德榜本可以因掌握了索尔维法的各项生产技术而大发其财，但是他说：“我们绝不做第二个索尔维，第二个卜内门。”他谨记恩师杰克逊的名言：“科学技术是属于全人类的，它应该造福人类。”因为不愿意再看到有人受到技术钳制，所以他决定把自己多年实践获得的制碱技术和经验公之于世，让全世界共享这一科技成果，范旭东对此大为赞赏。于是，侯德榜用英文撰写了《纯碱制造》一书，于1932年在美国以英文出版。在该书前言中，侯德榜写道：“本著作可说是对存心严加保密长达世纪之久的氨碱工艺的一个突破。书中叙述了氨碱制造方法，对其细节尽可能叙述详尽，并以做到切实可行为本书的特点。书中内容是作者在厂十多年从直接参加操作中所获的经验、记录以及观察、心得等自然发展而形成的……总的来说，制造厂已得到本工业独特要求的充分保护，而其细节只能通过多年实际操作亲身体验方可获得，至于工厂的特殊环节可以说任何一个好的设计师通过一些试验都能得到好的解决方法，所以没必要为本工业对外保密……在物理化学这一领域中处理大量气体与液体的经验及数据应当公之于世界，为其他化学工业所利用。这是出版此书的基本动机。”这本书的出版，结束了索尔维制碱法封锁、垄断技术的历史，被公认为制碱工业技术的权威著作。美国著名化学家威尔逊教授称赞这是“中国化学家对世界文明所做的重大贡献”。为了表彰侯德榜的成就，1930年哥伦比亚大学授予他一级奖章，1933年中国工程师协会授予他荣誉金牌，1943年英国皇家学会聘他为名誉会员，当时全世界仅有12位名誉会员。

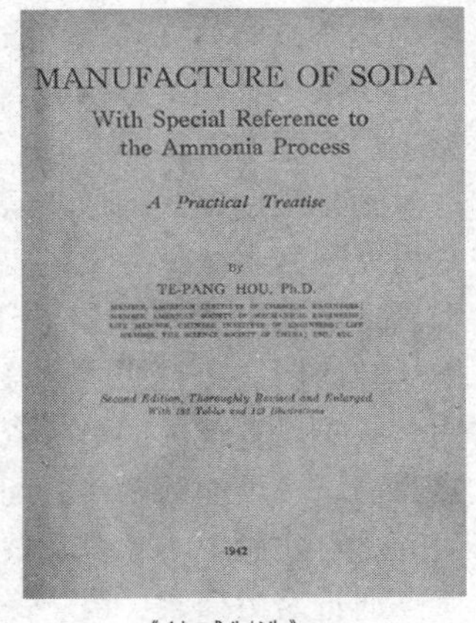
MANUFACTURE OF SODA
With Special Reference to
the Ammonia Process

A Practical Treatise

By
TE-PANG HOU, Ph.D.

Second Edition, Thoroughly Revised and Enlarged

1942

《纯碱制造》

3. 侯氏制碱法的诞生

1937年，日本帝国主义发动了侵华战争，日本侵略者看中了永利公司设在南京的硫酸铵厂，作为亚洲第一流的化工厂，年产1万吨硝酸，可以制造几万吨烈性炸药，具有相当高的军事价值。为此，他们企图派人收买范旭东和侯德榜，但是遭到了严词拒绝。为了不使工厂遭受破坏，不让刚起步的民族工业遭受更为严重的损失，侯德榜一边布置技术骨干和老工人转移到内地，拆运重要的生产设备，一边在四川选址重建工厂。1938年，永利碱业公司在川西五通桥新建了永利川西化工厂，范旭东任命侯德榜为厂长、总工程师。当时四川用的食盐是井盐，是用竹筒从很深很深的井底一桶桶吊出卤水，由于盐卤浓度低，还要经过浓缩才能成为食盐，所以原料的成本很高。另外，索尔维制碱法的主要缺点在于食盐的转化率只有70%，许多食盐被白白地浪费掉了，这就进一步提高了制碱的成本。因此侯德榜决定不再沿用索尔维制碱法，于1939年率队赴德国考察，准备购买察安制碱法的专利。但是德国人漫天要价，傲慢的态度和丧权辱国的条件令侯德榜十分气愤，遂决定中止谈判，撤离德国。

回国后，侯德榜根据以往的生产经验，总结了索尔维制碱法的优缺点。他认为索尔维制碱法除了食盐的利用率低之外，在生产过程中需要高温分解石灰石，能源的需求量相当巨大，并且食盐中的氯离子和石灰石中的钙离子结合生成了用途不多的氯化钙，与尚未完全利用的食盐一起被废弃了，造成了环境的污染。侯德榜决心开创新的制碱方法，他设计了好多方案，但是都被自己一一推翻了。1941年，侯德榜终于研究出新的工艺，该方案结合了索尔维制碱法和察安制碱法的优点，将制氨厂和制碱厂建在一起，融合制碱流程与合成氨流程，进行联合生产。新工艺由制氨厂提供制碱厂所需的氨和二氧化碳，滤液中的氯化铵用加入食盐的办法使它结晶出来，得到的氯化铵既可为化工原料，又可以当化肥，残留的母液中还含有食盐，可以循环利用。这样不仅可以大大提高食盐的利用率，还可以省去石灰窑、化灰桶、蒸氨塔等生产设备。

侯氏制碱法生产工艺：

第一步，往水中通入氨气至饱和，再通入二氧化碳气体，生成碳酸氢铵。

第二步，碳酸氢铵与氯化钠反应生成氯化铵和碳酸氢钠。由于在饱和的混合溶液中，碳酸氢钠的溶解度最小，所以碳酸氢钠晶体析出。

氯化铵在常温时的溶解度比氯化钠大，而在低温下却比氯化钠溶解度小，并且氯化铵在氯化钠的浓溶液里的溶解度要比在水里的溶解度小得多。利用这个原理，在温度为 5 ~ 10 ℃条件下，向析出碳酸氢钠之后的母液中加入细粉状的氯化钠，同时通入氨气，可以使得氯化铵结晶沉淀而单独析出，经过滤、洗涤和干燥即得氯化铵产品。析出氯化铵沉淀后所得的滤液，还含有大量的氯化钠，可以循环使用。

第三步，碳酸氢钠加热分解，得到产品碳酸钠，分解中产生的二氧化碳气体可以循环利用。

在抗日战争期间的艰苦环境中，侯德榜带领技术人员，以严谨的科学态度反复进行实验，经过 500 多次试验，终于确定了具体的生产技术和工艺流程。这种联合制碱的工艺使得食盐的利用率从 70% 一下子提高到了 96%，同时得到能作为化肥的副产品氯化铵，减少了废弃物，降低了能耗，提高了产量。联合制碱法成为世界上最先进的制碱法，把制碱的技术水平推向了一个新的高度，赢得了国际化工界的极高评价。1941 年 3 月 15 日，永利公司总经理范旭东集会宣布，决定将新的制碱方法命名为“侯氏制碱法”，1943 年，中国化学工程师学会一致同意将联合制碱法命名为“侯氏联合制碱法”。

新中国成立后，侯德榜作为科学家的代表参加了全国政治协商会议。1955 年初，侯德榜受聘为中国科学院技术科学部委员。1958 年，侯德榜担任化学工业部副部长，当选为中国科学技术协会副主席。1959 年底，侯德榜出版《制碱工学》，总结了从事制碱工业近 40 年的经验。

北京化工大学内侯德榜的塑像

为了祖国的化工事业，侯德榜不断改进联合制碱法的工艺，通过实验确定了一次加盐、二次吸氨、一次碳化的工艺流程。1964年，大型联合制碱装置在大连化学工业公司建成投产。1960年前后，为适应我国农业生产的需要，侯德榜和技术人员共同设计了碳化法制造碳酸氢铵的新工艺，为我国的化肥工业发展做出了巨大贡献。此外，侯德榜在发展磷肥、农药、聚氯乙烯、化工机械等工业和化工防腐技术，以及传播交流科学技术、培育科技人才等方面，也做出了不可磨灭的贡献。

23 误入歧途的卓越的科学家

——最受尊敬和最受嘲弄的化学家

◇ ……………

1901 年 2 月 18 日，在美国俄勒冈州的一个小镇——波特兰诞生了一个婴儿，谁都不会预料到这个孩子将来会对世界产生巨大的影响，这个孩子就是莱纳斯·卡尔·鲍林（Linus Carl Pauling, 1901—1994）。鲍林是一个极富个性和创新精神的人，在 93 年的生命历程中，他不断开拓边缘学科，在化学的许多领域卓有建树。他的一生中提出了许多理论，诸如杂化轨道理论、共振理论等等。他还提出了许多新的概念，如，共价半径、金属半径、电负性标度等。鲍林曾荣获 1954 年诺贝尔化学奖、1962 年诺贝尔和平奖，是 20 世纪有很高国际声誉的最伟大的化学家。当然，鲍林特立独行的性格，在研究过程中过于自信的个性特征，也使他成为颇受争议的人物。

鲍林

1. 娃娃教授的成就

鲍林在化学上最卓越的成就是用量子力学方法解决化学键问题，这与他连续两年一直游学欧洲的经历有关。1925 年，24 岁的鲍林以出色的成绩从加州理工学院毕业，并获得该学院的化学哲学博士学位。随后曾在索末菲实验室工作一年，在玻尔实验室又工作了半年，他还到过薛定谔和德拜实验室。这期间鲍林所接触的都是一流的量子力学专家。

1931年，鲍林被母校加州理工学院聘为教授，成为年仅30岁的“娃娃教授”，鲍林开始致力于化学键本质的研究，也正式开始了他划时代的独立的研究生涯。

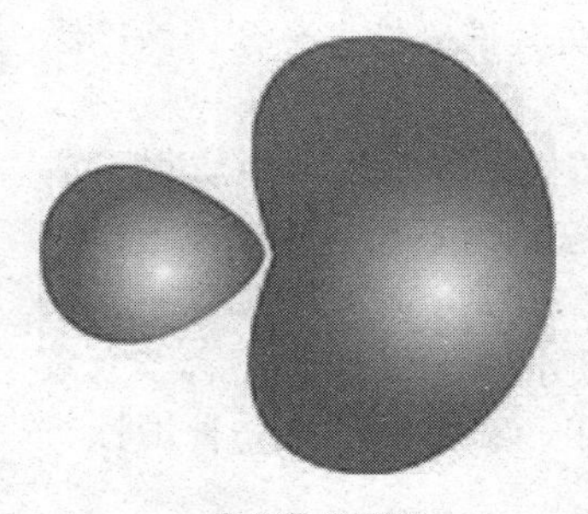

杂化轨道模型

面对如何解释甲烷的正四面体结构的问题，他提出了“杂化轨道理论”，他认为：在形成甲烷的过程中，碳原子核外的原子轨道进行了杂化，形成了跟原来数目相等，但又彼此完全等同的轨道，这些轨道在空间呈正四面体形。这个理论很好地解释了甲烷的正四面体结构，也能很好地解释类似的其他分子或离子的形状。

为了更为方便地解释有机化学反应的某些特点和有机化合物的某些结构问题，鲍林还提出了有名的“共振理论”：任何分子中都存在着正负电荷，由于对电荷的引力不同和力求分布均匀的自然规律，使得某些有机分子存在多种不同的结构，这些结构处在无休止的互变之中，当遇到反应试剂时，会以其中的活性最好的形式进行反应。这样使得鲍林的结构理论更为直观，更加容易被初学者接受，很受化学界的欢迎。

有意思的是，20世纪50年代的时候，美苏超级大国之间的冷战日趋白热化，出于意识形态不同，共振理论在社会主义国家被作为唯心主义而受到批判。但鲍林继续深入研究，成功地运用共振理论解释了苯的分子结构，解释了诸多反应现象，而这些现象在当时无人能够说得清楚。共振理论最终成为有机化学结构基本理论之一，也因此而改写了20世纪的化学。

2. 结构中的累累硕果

在研究化学键键能的过程中，鲍林发现：对于异核双原子分子，化学键的键能会随着原子序数的变化而发生变化。为了说明其究竟，鲍林引入了电负性概念，还提出了原子电负性的计算公式。用电负性的概念说明两个原子对共用电子的吸引能力的相对强弱恰到好处，这个概念能够半定量地描述化学键键能的变化趋势。这个概念简单、直观、物理意义明确，又不失其准确性，至今仍然广泛应用。

稀有气体元素的原子结构为稳定结构，所以化学性质很不活泼。自从发现了稀有气体，一直被科学家认为不能与其他原子形成化合物。但是鲍林根据量子化理论，在 1932 年时大胆预测：原子序数较大的惰性气体原子可能与氟和氧形成化合物，他预言了六氟化氪和六氟化氙的存在。正巧在 1962 年，制备出了第一种惰性气体化合物 $XePtF_6$，证实了鲍林的预测。

1939 年，鲍林综合了多年的研究成果，出版了《化学键的本质》。在这本书中，他用直观、浅白的语言，完整地、深刻地阐述了杂化轨道理论、共振理论和电负性等概念，彻底改变了人们对化学键的认识，使得这本书在化学史上具有划时代意义。该书出版后，许多概念、内容被反复引用，直至今日。

鲍林还把化学研究推向生物学，他花了很多时间研究生物大分子的结构，特别是蛋白质的分子结构。鲍林将 X－射线衍射晶体结构测试的方法引入蛋白质结构测定中来，经过研究，他提出了蛋白质中的肽链空间排列呈螺旋形的观点，这就是最早的 α 螺旋结构模型。

蛋白质的 α 螺旋缠绕结构

1954 年以后，鲍林的研究方向开始转向大脑的结构与功能，通过研究他发现：镰刀形细胞贫血症就是一种分子病，在血红蛋白的众多氨基酸分子中，如果将其中一个谷氨酸分子用缬氨酸替换，就会导致血红蛋白分子变形，从而形成镰刀形细胞贫血症。这是他又一次提出的创新概念，即“分子病”。幸运的是，这个“臆想”在1957年被英格拉证实。

1954年，鲍林因“化学键的本质”和“分子结构的基本原理”两项重大发现，而荣获诺贝尔化学奖。然而，根据诺贝尔的遗嘱，该奖项只授予单项发现的科学家。鲍林的获奖首次突破了这条原则。

3. 世界和平的勇士

第二次世界大战结束后，在科学上已经取得重大成就的鲍林，亲眼目睹了战争给民众带来的灾难，他坚决反对把科技成果用于战争，特别反对核战争。他认为，核战争可能毁灭地球和人类。鲍林坚决反对“以任何形式的战争作为解决国际冲突的手段”，他奔走于世界各地，唤起社会大众对核污染的关注，不遗余力地反对核试验，致力于世界和平事业。

鲍林为和平事业所作的努力遭到美国保守势力的打击。20世纪50年代初，美国怀疑他是美共分子，对他进行严格的审查，限制他出国讲学，干涉他的人身自由。直到1954年，鲍林荣获诺贝尔化学奖以后，美国政府才被迫取消了对他的出国禁令。1955，鲍林和世界知名的大科学家爱因斯坦、罗素、约里奥-居里、玻恩等签署了一个宣言：呼吁科学家共同反对发展毁灭性武器，反对战争，保卫和平。

和平斗士鲍林

1957年5月，鲍林起草了《科学家反对核实验宣言》，该宣言在两周内就有2000多名美国科学家签名，短短几个月内就有49个国家的11000余名科学家签名。1958年，鲍林把宣言交给了联合国秘书长哈马舍尔德。同年，他又写了《不要再有战争》一书，以丰富的资料说明了核武器对人类的重大威胁。

鲍林因为对和平事业的贡献，于1962年荣获了诺贝尔和平奖。他以《科学与和平》为题发表了领奖演说，他号召："我们要逐步建立起一个对全人类在经济、政治和社会方面都公正合理的世界，建立起一种和人类智慧相称的世界文化。"与取得的科学成就相比，鲍林更看重自己获得的诺贝尔和平奖。

4. 学术界的流浪汉

在学生中，鲍林深受爱戴，被视作精神领袖。然而，在思想观点和行为方式上，鲍林又是颇有争议的人物。在获诺贝尔和平奖以后，他更加坚持己见，猛烈抨击美国政府的政策，明显地与公众舆论脱节。他既被视为具有敏感直觉、敢于冒险、不敬权贵、富有魅力的科学家，同时又被看成是自命不凡、桀骜不驯、我行我素的怪人。他的官司接连不断而且屡遭失败，以至于"声名狼藉"。美国媒体对他的政治观点颇有微词，甚至认为他"荒诞不经"，对他获得诺贝尔和平奖不以为然，就连他担任过主席的美国化学会的学报编辑部也对他获奖冷眼相待，只在很不显眼的位置上提及此事。

20世纪50年代开始，加州理工学院院长和化学系教授们对鲍林的不满情绪越来越严重，抱怨他"竭力发展个人所迷恋的化学生物学，远离了该系在物理化学方面的根基"。1964年，他悻然离开了加州理工学院，来到了圣巴巴拉的民主制度研究中心。然而，他很快发现那里同样让他失望，既无法实现他的政治理想，又没有科学实验室，于是他打算去加州大学圣巴巴拉分校，这里的化学系主任曾是他的学生，但被校长否决了。1967年，加州大学圣地亚哥分校接受他担任研究教授，两年后他去了斯坦福大学，成为"学术界的流浪汉、漂泊谋生"，直到1973年他创立自己的研究所。

5. 他误入歧途了

鲍林作为卓越的科学家曾在晚年误入歧途，鼓吹与科学格格不入的东西，他迷恋方术，支持庸医骗术。由于他极高的科学声誉致使许多谬论流传，在社会上产生不良的影响，遭到美国医学界的一致批评。

1965 年的一天，鲍林偶然见到一本《精神病学中的尼克酸疗法》的书，书中谈到大剂量服用尼克酸对精神分裂症的大脑功能有相当积极的疗效。他虽然缺乏精神病学方面的知识，但他对精神病的生化机制很感兴趣，于是他成为“正分子疗法”的陶醉者。

习惯于靠“臆想”并且以此获得诸多成就的鲍林，在 1968 年，与精神科医生霍金斯合作，提出假说：人的大脑是一种分子—电子能激发的场所，通过复杂的生化机制发送信号，这个机制的必需营养由代谢物提供。而精神疾病是由于体内化学分子失衡引起的，所以，应用正常存在于人体的营养素以“最适分子和最适剂量”可以矫正分子平衡，为大脑提供最适宜的分子环境，达到治疗目的。

根据这个假说，鲍林提倡服用大剂量的维生素或无机盐，治疗精神分裂症等精神病和躯体疾病，称为正分子疗法。然而，他的假说不仅缺乏科学证据，他自己又也不愿意认真进行临床试验，因而遭到医学家和营养学家的一致反对。

1972 年，斯坦福大学拒绝了鲍林扩大实验室的要求，同时提醒他已超过退休年龄；一年后，他又用筹集的款项成立了莱纳斯·鲍林正分子医学研究所；不久，美国精神病学会专题研究组发表了长篇报告，严正指出：“矫正分子”的想法纯粹是“胡说八道”。对此，鲍林进行了激烈的反驳，但他的声誉遭到沉重的打击，刚成立的研究所也因财政问题于次年改名为莱纳斯·鲍林科学与医学研究所，简称“鲍林研究所”。

6. 无限迷信维生素 C

鲍林晚年的兴趣集中在大剂量服用维生素 C 上，这与他的一次不愉快的经历有些关系。1950 年代末，在加州圣地亚哥医学会举行的一个聚会上，在鲍林演讲时，医生听众举杯饮酒、谈笑自若，一点没把他放在眼里，这令他非常恼火。随后他又觉得医学界请他演讲的酬金同其他医生的不相称，因而感觉受到怠慢，为此耿耿于

手持维生素 C 模型的鲍林

怀，促使鲍林决心在维生素 C 问题上挑起争论。

斯塔腾岛的一名酿造工程师欧文·斯通，他只有两年化学专业的学历，博士学位是一所未经认证的学院授予的。但斯通是个肯钻研的人，由于学业不精，他的论文屡遭医学刊物拒绝，为了自己的前途，斯通寻找各种机会蓄意结识鲍林。机会终于来了，1966 年 3 月，鲍林获得卡尔·纽伯格奖，这是对“医学与生物学新知识进行综合研究”的奖励。斯通前去颁奖会上当面表示祝贺。数天后他又写信奉承鲍林，并大谈维生素 C 对健康和治疗疾病的作用，斯通认为：人自身不能合成维生素 C，是由于进化过程中的遗传变异导致一种酶的缺乏，因此坏血病不单纯是营养缺乏症，而是一种遗传性缺陷。他自投鲍林门下，显然是来寻求鲍林支持的。开始鲍林并不相信他，但斯通的“理论”打动了他，觉得此人的建议值得一试。于是便和妻子每天服用大剂量维生素 C，果然出现神奇的效果，他们顿感精神日佳，也不感冒了。

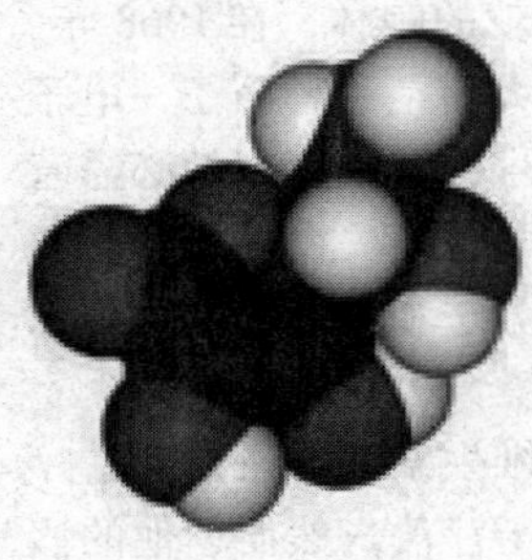
维生素 C 的比例模型

自认为有亲身实践经验的鲍林于 1970 年出版了《维生素 C 与感冒》，书中声称：每日口服 1 克维生素 C，感冒的发病率可以下降近一半；有些人的需要量可能更大，甚至达到 4 克。由于当时社会出现追求“自然健康”和“天然食品”的狂热，加上以他的科学家地位的亲身经历，该书迅速畅销美国，维生素 C 的身价因此陡增，销售量直线上升，以致供不应求。

但是，美国食品药品管理局强烈反对鲍林的观点，指出：“尚无科学证据，而且没有重要的研究可以表明维生素具有防治感冒的作用”，“全国范围的维生素 C 热是荒唐可笑的”。医学界也对鲍林提出批评，认为“这本书的观点只不过是理论推测而已”。《美国医学会杂志》评论说：“在此，我们看到的不是一位追求真理的哲学家或科学家做出的论述，而是一个为了推销某种货物的广告商声嘶力竭的叫卖。”《药物与医疗通讯》批评说：鲍林的结论“是根据胡思乱想或很不严谨的临床研究得出的，因而是一家之言”。由此，鲍林成功地挑起了一场大辩论。

鲍林引火烧身，身陷重围。然而，执迷不悟的鲍林不仅不管这些，还进一步扩大了自己对维生素 C 的迷信范围。1979 年，他和卡梅隆博士合作出版了《癌症和维生素 C》一书，建议每个癌症患者每天服用 10 ~ 40 克的维生素 C。这使医学权威们非常愤怒，说他是江湖医生，他的书是江湖游医式的宣传。1986 年，他又出版了《如何健康长寿并感觉良好》一书，书中再次以自己多年来身体力行的实例，建议“每天服用维生素 C 6 ~ 18 克或更多，一天也不要间断”。然而，他的超大剂量服用维生素 C 不仅可以对付病毒、癌症甚至抗衰老益寿的观点，自然又一次被医学界拒绝了。

为了寻求实验依据，鲍林多次向国家癌症研究所申请资助，以便通过动物实验做进一步研究，可这位世界知名科学家的每次申请都被否决了，鲍林的观点反复遭受打击的主要原因也正是因为缺乏实验事实。

7. 维生素 C 带来的意外

在鲍林的影响下，20 世纪 70 年代美国大约有 5000 万人服用维生素 C 作为“保健品”，维生素 C 的需求量迅速上升，批发价格涨了三倍，连续多年的年销售额达数亿美元。药厂欢欣鼓舞，称之为“鲍林效应”。荷夫曼—罗氏制药公司是世界上最大的维生素 C 生产商，获利最多，作为回报，公司每年向鲍林研究所捐赠 10 万美元。大剂量维生素 C 疗法在世界上也有很大影响，在我国也曾一度风行。

更加“滑稽可笑”的是，1997 年 10 月，《美国临床营养杂志》报道，研究人员认为，长期补充维生素 C，可使患白内障的概率减少 77% 以上。而鲍林早在 1985 年就持有这个观点。

到了 2000 年，美国药物研究所食品和营养委员会的评估认为：成人每天服用不超过 2000 毫克维生素 C 是安全的。又有报告称：据对 14 例临床实验证明，每天口服 10 克维生素 C 且连续 3 年，未发现 1 例肾结石。还有报告说：医学界人士相信，维生素 C 对感冒的确有一定的防治作用；研究发现，每天摄入 300 ~ 400 毫克维生素 C 的男性，要比维生素 C 日摄入量 60 毫克及不足 60 毫克的人多活 6 年。时至今日，许多专家终于承认：维生素 C 有抗癌作用，能预防多种疾病，包括老年痴呆症。

遥想当年，鲍林几乎是“孤军作战”，与众多医学权威机构和权威人士争论，他为此而受到的嘲弄和轻蔑即使是一般人也难以忍受。可鲍林在长达 20 多年的时间里，义无反顾地奋起捍卫自己的观点，这种勇气和探索精神令人敬仰。

24 因做错实验而收获的诺贝尔奖

——白川英树与导电聚合物

◇

1977 年，在纽约科学院国际学术会议上，日本学者白川英树（1936— ）把一个小灯泡连接在一张聚乙炔薄膜上，灯泡马上被点亮了。“绝缘的塑料也能导电?”此举四座皆惊，塑料和橡胶（塑料和橡胶都是聚合物）是不能导电的，向来被认为是绝缘体。但是，现象表明，能把塑料做成导体！在塑料家族中，出现了一支“叛军”，太不可思议了。

白川英树

紧接着人们马上陷入了沉思，不断地思索着一个现实问题，这种奇特的物质能有哪些应用呢？以 IBM 为首的世界产业界也一下子骚动起来，而日本钟纺公司率先成功地开发得到了聚乙炔塑料电池，并以其轻便而容量大的特点受到消费者的欢迎。随着手机的日益普及，这种电池的需求量在不断扩大，因而带来了巨大的应用前景。

这种材料除了被广泛地应用在可充放电的电池、显示屏以及 IT 行业中外，未来高分子聚合体（导电聚合物）电池可应用于电动汽车，而高分子电线可能深入各个家庭，高分子 IC 芯片也可能会面世，这将势必成为掀起未来材料革命的主力军。

1. 做错了实验的惊喜

聚乙炔是结构最简单的一维共轭聚合物，早在1950年有机高分子材料专家就在实验室合成了聚乙炔。但是，因为当时合成出来的聚乙炔都是结构不明的难融化、难溶解的粉末，材料重复性也不好，被认为是没有应用价值的“废物”。

到了1971年，日本东京工业大学资源研究所的助理教授白川英树负责指导一批韩国留学生进行聚乙炔合成的实验，该实验中用的催化剂是齐格勒—纳塔型触媒。可能是语言交流不畅的缘故，韩国留学生没弄明白催化剂的用量，错误地将催化剂的用量提高了上千倍，结果在反应液体的表面，形成一层具有银白色光泽的膜状物。这种有规则的聚合物是从来没有得到过的。白川英树很奇怪，难道催化剂会影响聚合物的状态？他决定以催化剂作为切入点，分别将不同种类不同数量的催化剂用于聚乙炔的合成，并对产物的性状做了细致的研究。最后，白川英树把原有的催化剂进行了改良，终于找到了在高浓度催化剂下促进乙炔聚合的有效方法，采用这种方法得到的聚乙炔呈薄膜状，是一种结构相当规整的材料，并且具有金属光泽，具有较高的结晶度，导电聚合物制品其表观密度只有$0.4g/cm^3$,这无疑为对其进行掺杂提供了极好的基础。

白川英树的这个令人兴奋的研究结果，预示着未来电子产业的迅猛发展，他在1971年日本高分子学会上发表了这一成果。但遗憾的是并没有引起日本学术界的重视，否则的话我们就能早一点看到导电聚合物的诞生，早一点看到新的诺贝尔化学奖的诞生。这种现象在日本科技界已不是首次，1996年英美学者发现C_{60}而获得诺贝尔化学奖，然而最早在理论上构造出C_{60}球状分子结构的是日本学者大官先生，该理论发表在日文的教科书中，但日本化学界没有人在实验方面跟进，只得与诺贝尔奖擦肩而过。这次导电聚合物的合成仍然没人重视，再次暴露出日本学术界崇洋媚外的弊端。

2. 材料中宠儿的诞生

用白川英树的方法制得的聚乙炔的电导率比一般的聚合物提高

了8个数量级，但仍然只有10^{-10}西/厘米，导电性仍然很差。

美国宾夕法尼亚大学化学系麦克迪尔米德教授是材料掺杂的专家。恰巧1976年麦克迪尔米德在京都大学做客座教授，回国前夕，应邀到白川英树所在的东京工业大学做访问演讲。演讲过程中他展示出自己制得的无机聚合物（SN）$_x$的金黄色晶体和薄膜，这种聚合物引起了白川英树的注意。在会间休息时，白川英树将自己的银白色聚乙炔薄膜样品展示给麦克迪尔米德，两位素不相识的化学家都被对方的样品迷住了。麦克迪尔米德仔细参观了白川的实验室后，决定与他携手共同开展对聚乙炔的进一步研究。

麦克迪尔米德教授回国后，马上组织了由宾夕法尼亚大学物理系教授黑格参与的跨学科研究小组，展开对聚乙炔进行电子掺杂的研究，他们要将具有半导体性的聚乙炔，经过电子掺杂以后，转变成具有金属导电性的聚合物。白川英树应邀参加该小组的研究。白川负责合成高性能的适合掺杂的聚乙炔薄膜；黑格的学生，来自我国台湾的钱先生则负责掺杂实验材料的电性测试。

有一天，当他们把一滴溴加入实验用的聚乙炔材料时，电流表的表针因瞬间猛烈的转动而损坏了。在忙乱地更换电流表之后，他们终于发现电导率提高了10^{12}倍（约为10^3西/厘米），实现了第一个全有机的导电聚合物的合成。

然而，他们的目标是实现聚合物导电性的“金属化”。为此，白川英树改进了聚乙炔的合成方法，又把产物进行了特殊的熟化和拉伸取向处理。将处理好的聚乙炔薄膜再用研究小组的办法进行掺杂，结果使这种材料的电导率提高到了$1.2 \times 10^5 \sim 1.7 \times 10^5$西/厘米。

在金属中，金和银是最佳导体，而广泛应用的是居第三位的铜，它在室温时的电导率为5.5×10^5西/厘米。白川英树的聚乙炔的导电能力已与铜很接近了，而且它在空气中能很稳定地存在。后来，经过多次改进，他们研制成的聚乙炔的电导率竟高达2×10^6西/厘米，超过了铜，成了真正的导电塑料。

白川英树等人的科研成果对计算机和信息技术的发展有极大的推动作用。计算机和信息科学的主要硬件是无机半导体的超大规模集成芯片，电路的线宽已窄至0.1微米，接近极限。而导电聚合物的合成，直接推动了分子器件的出现，计算机的速度和存储能力大幅度提高。

2000年10月10日，瑞典皇家科学院授予美国化学家麦克迪尔米德、美国物理学家黑格和日本材料科学家白川英树诺贝尔化学奖，以表彰他们开创了导电聚合物的新领域。

3. 做家务得到的启蒙化学

白川英树对化学的兴趣得益于做家务为他带来的无穷乐趣。他家兄弟姊妹5人，母亲每天忙忙碌碌。为了减轻妈妈的负担，兄弟姊妹们养成了分担家务的习惯。在做家务的过程中，白川英树有很多机会能够接触到化学现象。他在烧洗澡水时，别出心裁地把浸透盐水的报纸放入火中，马上就出现了黄色的火焰。上学后，他知道这便是教科书上所说的焰色反应。

他还常去父亲的诊所，将火柴塞进注射完后的药瓶，然后再放入火中，开始时是水蒸气变成白烟冒出，不久便猛烈地喷出橙色的火焰。白川英树贪婪地观察着这些美妙的变化。打碎冷却后的药瓶，里面的火柴棍形状没变，但变成了黑炭。这就是他的“化学启蒙”阶段。

小学、初中时代，白川喜欢采集昆虫标本，也曾想改良植物品种，让它开出更加绚丽的花朵；还喜欢制作收音机，处女作是一台矿石收音机，后来发展到制作电子管收音机和晶体管收音机。

白川英树上中学时每天要带中午饭，妈妈把热腾腾的饭装进塑料饭盒，再用塑料包袱皮裹上时，包袱皮马上变长了，到学校打开一看饭盒也变形了，然后就怎么也盖不严实了。白川英树由此萌生了对塑料进行改良的想法，他立志上大学学习化学，将来从事高分子研究，生产出新的塑料用品。

白川英树正是从满山追逐昆虫、灶前观看柴火燃烧、制作收音机中学会了观察，不知不觉地树立了探索自然的理想，也就打下了勤于思考、善于学习的基础。

4. 默默而执着的追求

怀着对化学的浓厚兴趣和执著追求，白川英树中学毕业后选择了日本东京工业大学高分子化学系。经过几年的努力，白川英树于1961年大学毕业并获得学士学位。以后的几年里，他凭着对化学的热爱，在母校获得硕士学位、工学博士学位。

白川英树毕业后，因成绩优异而留在学校的资源研究所工作，担任神原周教授的实验助手。神原周教授是一位卓越的高分子材料学家，但由于日本国立大学硬性的退休制度，在白川英树当助手的第二年，就退休离校了。白川英树失去了老师的照应，如同断奶的孤儿，开始了艰难的自我“修炼”历程。白川英树虽然勤勤恳恳地工作着，但一直得不到提升，在日本高校最低的职级上默默地工作了13年。令人欣慰的是，在此期间，白川英树完成了高结晶度聚乙炔的合成和研究。

1979年，从美国归来的白川英树，迫于无奈离开了东京工业大学，受聘于筑波大学材料系任副教授，继续开展液晶材料及其导电聚合物的研究。他潜心于实验研究，彻夜苦干，换来了学术上的重大建树。1979年4月，白川英树与合作者池田朔次的文章“有机高分子导电体：聚乙炔及其诱导体”发表于《化学与工业》上，白川的老师神原周教授对这篇论文给予了极高的评价。这篇论文也为白川英树赢得了教授职称和高分子学会奖励，这是高分子学会第一次给日本本土人士授奖。在授奖仪式上，神原周教授说：“白川君的工作是获诺贝尔奖的工作。”令人惋惜的是，神原周先生于1999年去世，要是再多活一年，看到自己的预言变为现实，那该是多么欣慰的事。

日本筑波大学

5. 获得巨奖以后

白川英树在离开东京工业大学之后，尽管他本人取得了辉煌的成绩，而他的母校却依然平静地延续着自身的历史。但是 2000 年 10 月，白川英树得奖的消息对母校来说无疑是一次强烈的地震。因为白川英树是该校毕业生中首位诺贝尔奖获得者，这在东工大引起的震动可想而知。

10 月 26 日，东工大的正副校长内藤和相泽，率校系领导特地到白川英树家中祝贺，并赠送一个黑松盆景。12 月 21 日，东工大全体教授每人捐出 1 万日元，以盛大庆功宴为白川英树夫妇正式祝贺。东工大又在百年纪念馆设置永久纪念角，用于陈列白川英树合成聚乙炔薄膜的原有设备，可谓极尽崇敬之意。毋庸置疑，该校领导乃至教授们此时的心情是十分复杂的，白川英树在东工大默默地甘做最底层的“助手”，而又做出了如此巨大的贡献，却始终未能得到副教授职位。

同样有意思的是，白川于 2000 年 4 月按日本国立大学规定从筑波大学退休离校，5 月，其办公室与实验室即被清理一净。当年 10 月，瑞典皇家科学院宣布白川获诺贝尔化学奖时，筑波大学也显得无比尴尬，因为想再找回那些实验室物品，却都找不到了。

6. 不惜血本为巨奖

在日本，学术界深深地体会到了诺贝尔奖对社会、对未来的影响力，因此为了诺贝尔奖可谓不惜血本。

1991 年，瑞典召开了关于导电聚合物的诺贝尔基金研讨会，主持这次会议的是诺贝尔化学奖评选委员会主席兰拜教授，白川英树、麦克迪尔米德与黑格应邀参加了这次会议。会上，兰拜教授对三人的独创性研究大加赞赏，但也中肯地指出：目前导电聚合物还缺少实际应用，因此暂时还不能授予诺贝尔奖。

会后，为了弥补导电聚合物实际应用方面的不足，日本产业界加大了对导电聚合物应用技术的开发研究。经过数年的努力，在高频电容、可充放电池、聚合物发光显示方面取得很大进展，而且均达到产业化生产。为继续加大力度，日本产业界还在银座开设高分子应用技术研究联合事务所，定期举行沙龙讨论会，邀请各公司代表出席聚会，相互交流开发计划与进展情况。这种沙龙讨论既开阔了研究者的思路，也营造了强有力的研究声势。

与此同时，日本政府也为此做出了巨大努力。在 1994 年，日本高分子学会把高分子功绩奖，授予高分子科学泰斗、诺贝尔化学奖评选委员会主席兰拜教授。这也是日本高分子学术界为争取白川获诺贝尔奖做出的高效动作。

因此，白川英树获诺贝尔奖是学术界、产业界和政界共同推进的结果，也是对十几年来付出艰辛努力的最大慰藉。

白川英树获奖后，日本开展了较为广泛的经验总结。白川英树在东京工业大学资源所的同事和好友官田清藏教授，强调本次获奖是交叉学科合作研究的卓越典范。指出：如果不是白川首先合成出高结晶度聚乙炔薄膜，不是黑格提供的聚乙炔导电的物理机制，以及麦克迪尔米德在无机电化学方面的经验，聚乙炔“有机合成金属”就无法实现。而白川英树则在获奖后的纪念演讲会上，特别强调实验和评价体系对科学家的成长和学术氛围的健康发展所起的重要作用。

日本科学未来馆

为了促进学术研究的健康发展，年过古稀的科学巨匠白川英树，竟然在日本科学未来馆担任实验化学讲座的讲师，每周固定地为 5 年级以上的青少年演示科普实验。白川英树接受这个工作的初衷，一方面是为了挽救青少年对科学的兴趣，尤其是对理工类学科的兴趣；另一方面也在为营造未来的良好的学术氛围尽自己的微薄之力。

25 平民科学家的巨奖历程

——田中耕一改变了人们的观念

◇

田中耕一

质谱分析法是一种高端的有机物分析方法，将被测物质的分子在高真空下经物理作用或化学反应等途径，进行离子化，形成带电粒子，不同质荷比（离子的质量与所带电荷的比）的离子经质量分离器分离后，在检测器上形成不同的离子谱峰，通过测量各种离子谱峰的强度而实现分析目的。由于生物大分子离子化的难度很大，大家曾普遍认为质谱分析法不适合于大分子的分析。

然而，日本岛津公司（岛津制作所）的田中耕一与美国科学家约翰·芬恩分别经过自己的研究，发明了“对生物大分子的质谱分析法”，从而改变了科学界陈旧的思维方式和观念。为此，他们两人分享了2002年诺贝尔化学奖的一半奖金；瑞士科学家库尔特·维特里希“发明了利用核磁共振技术测定溶液中生物大分子三维结构的方法”，他获得了2002年诺贝尔化学奖的另一半奖金。

1. 做梦也没想到的事

对田中耕一来说，2002 年诺贝尔化学奖来得太突然太意外了。10 月 9 日这一天的傍晚 6 点左右，田中耕一还待在实验室里思考着未完成的事情，电话铃响起，他接了起来，对方用英语说："你是田中耕一吗？包括你在内，有 3 人获得了今年的诺贝尔化学奖，我们向你表示祝贺。"田中耕一拿着电话"支支吾吾"了半天就挂了电话，尽管他听清楚了"诺贝尔"和"祝贺"两个词，但根本没有往诺贝尔奖上联想。他的第一想法是：是不是有人捉弄他？稍稍平静一点后，他又想：会不会是瑞典设有其他学会的并非重要的同名的奖？他觉得莫名其妙。

此后表示祝贺的电话络绎不绝，田中耕一还是以为谁在跟他开玩笑："别再起哄了！"然后一笑了之。直到公司同事、朋友看到电视上的快讯，田中耕一才慢慢地意识到的确是"得了真家伙"。

当晚 9 点，在岛津制作所的研修中心举行了记者招待会，还没有完全清醒过来的田中耕一，时不时地应摄影记者的要求露出微笑。田中耕一坦率地说："做梦也没想到自己会得诺贝尔奖。"他说："以前听说得诺贝尔奖会有一些预兆，而我这次获奖非常意外，即使是现在还是有些难以置信。要是早知道的话，我会穿西装来参加记者招待会的，今天穿工作服见各位实在抱歉。"这时的他像体力劳动者一样穿着蓝色工作服，左胸部还别着写有姓名的徽章。

第二天，所有日本报纸的显著位置都被田中耕一的工作服照连同他羞涩的笑容占据了。默默无闻的公司小职员一夜之间登上了世界巅峰，连他自己都觉得很是惊讶。

2. 被突来的消息打懵了

田中耕一的获奖消息传来简直就像"晴天霹雳"，日本教育部、学术界被这突如其来的消息打懵了。

日本对诺贝尔奖的问题向来很重视，教育部每年都会列出一大串可能榜上有名的科学家，所以总认为诺贝尔奖得主都在他们的掌控范围之内。可是在获奖消息公布的那一天，教育部一片混乱，因为在日本研究生命科学学术界的资料名单中，根本找不到田中耕一的名字。他们费尽周折，到处打探，毫无结果，最后只得通过互联网才获取了田中耕一的简单情况。

日本学术界也是措手不及。2001 年的诺贝尔化学奖获奖者，名古屋大学野依良治教授也被这突如其来的消息惊呆了，慌乱中与 2000 年的诺贝尔化学获奖者白川英树联系，想知道田中耕一是何许人也。但白川英树也只能结结巴巴地说：这说明只要自己努力，不在学术界活跃也能得到诺贝尔奖。

野依良治教授又向另一位教授打探，这位教授与田中耕一有过一面之交，但也一时找不到更多的话，只是笼统地说：人很老实，工作热心。再问如何相识时，这位教授讲只是因为要买岛津制作所的分析仪器，听过一次田中耕一做的产品介绍。

田中耕一与夫人在领奖会场

3. 成功还是源于失误

当时受岛津公司的现实情况的影响，田中耕一的想法非常朴实：选择边缘专业进行研究，即使失败了别人也不会说什么！

田中耕一把“测量蛋白质的质量”作为自己的研究课题。实验中，他不小心把丙三醇倒入钴溶液中，一阵懊悔之后，他将错就错，对混合液进行了细致的观察，结果意外地发现了能够异常吸收激光的物质。如果他此时利用化学、生物化学理论稍作分析，如果他此时知道已经有人从理论上认定蛋白质大分子因难以被离子化而无法用质谱分析，那么他也许就没有勇气深入下去，也就不可能有今天的成功。但是，这一切就好像是上帝安排好的正朝着人类进步的目标进行着。

这个偶然的发现，促进了田中耕一的研究。1985 年，年仅 26 岁的田中耕一开发出来一项研究成果，这就是软激光解吸附作用技术。他还根据自己的想法设计了分析仪器，连同分析方法一起申请了专利，并获得批准。

两年后，京都纤维工艺大学主办了一次关于分子质量测定的会议，田中耕一提交了他的这项研究论文。在这篇论文中，他把软激光解吸附作用技术用于蛋白质的质谱分析，明确提出了“对生物大分子的质谱分析法”。但是，科学界受“大分子不可能离子化”的传统思想的影响，对他的论文持怀疑态度，一致认为：大分子即使可能被离子化也极其困难，他的方法只适用于少数大分子，不具有普遍性。

4. 巨奖的诞生

20 世纪 90 年代初，随着解析人类遗传因子的热潮兴起，测量蛋白质质量成为研究的必需。德国的两位化学家米夏埃尔·卡拉斯和弗伦茨·希伦坎普认真研究了田中耕一的测定方法，在此基础上做了大幅度的改进，使之适用于更加广泛的大分子测定。美国学者也对田中耕一的方法显示了极大的兴趣，加州大学的两位科学家曾专程到日本与他交流并要求合作。这些学者在自己论文中介绍了田中耕一 1987 年的原始论文，从而成为获奖的一个重要依据。

当然，很多著名学者对田中耕一获奖提出质疑，他们认为：分享 2002 年诺贝尔化学奖的应该是德国的两位化学家，而不是田中耕一，他们因此而拒绝接受出席在斯德哥尔摩举行的颁奖庆祝活动的邀请。质疑理由是：这两个人提出的类似方法虽说比田中耕一晚两个月，但比田中耕一的有效得多，对生物大分子研究的贡献也比田中耕一大。

但是，瑞典皇家科学院诺贝尔化学奖评选委员会主席本特·诺登则坚持认为，把诺贝尔化学奖联合授予田中耕一是正确决定。他说，颁发诺贝尔奖的宗旨是奖励那些率先提出可改变其他人思维方式和观念的人，而田中耕一正是开启生物大分子新研究领域大门的第一人，他分享 2002 年的诺贝尔化学奖当之无愧。事实上，这就是诺贝尔奖的颁奖原则，鼓励原始创新！

5. 默默无闻的怪人

在常人眼里，诺贝尔奖是遥不可及的，这一殊荣的获得者即便不是科学界泰斗，也是学术界的精英。然而田中耕一却把人们脑子里的框框粉碎得一干二净。他不是优等生，大学时还留过级；他找工作时被索尼公司拒之门外，后经老师的推荐才进了现在的工作单位；获奖之前他只是一个默默无闻的公司小职员。田中耕一让诺贝尔奖走近了平凡人。

田中耕一是在叔父的身边长大的，母亲在生下他 26 天后便因病去世了，他有两个哥哥和一个姐姐。田中耕一小时候的动手能力就很突出，在一个暑假中，学校要求每位同学制作手工作品。田中耕一利用厚纸板制作了一个富士城堡模型，而且很精致，就连城堡上的小门都是可以左右对开的。这件作品当时令班主任老师大吃一惊，甚至怀疑这么小的孩子是否能做出如此精美的作品。

田中耕一的本科毕业于东北大学工学部电气工学专业，东北大学是除东京大学、京都大学以外一所非常好的大学，但是他却在大二时因必修的德文不及格而留级一年。在大学所学专业与化学、生化领域完全没有关系。

1983 年大学毕业，进入岛津制作所后，他怀着极大的热情埋头于实验室的研究工作，从不考虑待遇、晋升的问题，甚至自己的终身大事都是通过相亲才解决的。

田中耕一几乎处于日本企业社会的最底层，在公司内部被称为怪人。田中耕一曾剃了一个光头去美国参加学术会议，理由竟是理发太麻烦；他不愿意升职的原因，除不愿意脱离研究第一线外，还有一个主要原因就是怕与人打交道。在公司，他一直被认为是一个极为有个性的研究者，具有超级的偏离常识的思考能力和集中精力的能力。

然而，就是这个一直任职于岛津制作所的怪人，这个学历不高、经历也非常平凡、几乎没有发表过什么论文的怪人，既非教授、亦非博士，甚至连硕士学位也没有的怪人，摘取了世界级的桂冠，成为一百多年来以“学士”学历获诺贝尔奖的第一人。对此，田中耕一曾自谦说他不是诺贝尔化学奖的合适人选，诺贝尔化学奖给错了人。

田中耕一供职的岛津制作所在日本只能算一家不大有名的中小

企业，且该公司财务赤字累累，有趣的是，田中获奖的消息导致了公司股票上涨。

6. 获奖以后的田中耕一

诺贝尔奖的获得，使一个日本企业社会最底层的职员一夜之间成为名人，成为同事眼中的“田中先生”，在日本，“先生”只用于令人特别尊敬的人。但是，田中耕一志愿继续在岛津制作所的一线工作。同年，他当选为国会议员，并享受部长待遇；还被政府授予代表日本最高荣誉的日本文化勋章；被东北大学授予荣誉博士；2004 年 4 月起，田中耕一先后被筑波大学、京都大学、东北大学等聘为客座教授。诺贝尔奖主导了田中耕一在日本的一切。

当他手中握着自己的母校东北大学献上的荣誉博士学位证书时，他幽默的一句话却使台下上千学者惊叹不已：“我当初决定不考大学院，原因是我讨厌学校要我考德语……如今，不用考德语就能够获得这个博士学位……可是，我想博士头衔也只有在我坐飞机换位子时才会拿出来用，因为这个头衔能够让我免费提升坐商务舱……”其实，田中耕一从不羡慕象牙塔中的学者。在获奖后的每一个场合，当提到他的研究成果时，他的回答的关键词只有一个，那就是“兴趣”。

小泉首相为这一“晴天霹雳式的消息”专门向田中发去贺电，并邀请他到国家生物工程战略会议演讲指导。田中耕一所在的岛津制作所也不惜打破常规，拟设立由他任所长的“田中诺贝尔奖研究所”，并决定授予田中耕一 1000 万日元的奖金，还破格将其晋升为执行董事级别的研究员。而在此之前，田中的发明和专利只获得企业 1.1 万日元（约合人民币 700 元）的奖励。虽然他的专利和产品为企业带来的利润相当于上亿元人民币。

亡羊补牢当然无可厚非，但能不能在一个人才还没有获得荣誉之前就给予人家应有的关注，而在事后又能多一点平常的心态，让其继续专心致志地搞科研呢？田中耕一在日本的境遇，确实让我们感慨。

主要参考文献

欧阳钟灿．震撼与思索：白川英树获奖历程回顾[J]．科学，2001（3）

郭保章，董德沛．化学史简明教程[M]．北京：北京师范大学出版社．1988

何法信，毕思玮．化学史上的双子星座：李比希与维勒[J]．化学通报，2000

王德胜．化学史故事[M]．昆明：云南人民出版社．1986

应礼文．化学发现和发明[M]．北京：科学普及出版社．1985

袁翰青，应礼文．化学重要史实[M]．北京：人民教育出版社．1989

汪朝阳，肖信．化学史人文教程[M]．北京：科学出版社．2010

祖述宪．鲍林晚年的失误及启示．祖述宪的 BLOG．2007

刘　立．莱纳斯·鲍林[M]．上海：东方出版中心．2002